KB261071

할리우드 사이언스

HOLLYWOOD SCIENCE

할리우드 사이언스

김명진

서문

오늘날 영화는 대중 예술 장르로서, 인기 있는 오락거리로서, 하나의 문화 산업으로서 그 중요성을 인정받고 있는 대중 매체이다. 영화는 100여 년 전 그것이 탄생한 시점부터 과학 기술과 불가분의 관계를 맺어 왔다. 이는 영화라는 매체가 당대의 첨단 과학 기술에 의해 발명되었을 뿐 아니라 이후의 발전 과정에서도 여러 기술적 변화(토키(talkie, 유성 영화), 컬러, 특수 효과 등)가 중요한 계기로 작용했기 때문이었지만, 그에 못지않게 대중 영화가 20세기의 숨 가쁜 과학 기술 발전에 대한 성찰을 그 속에 담아 왔기 때문이기도 했다.

그간 국내에서는 영화와 과학 기술의 관계를 다룬 수많은 책들이 출간되었다. 이 중에서 영화 기술의 발전을 다룬 책들을 일단 논외로 한다면, 영화 속에 나타난 과학 기술의 이미지를 다룬 책들은 대체로 두 가지 부류로 나눌 수 있다. 하나는 과학자나 과학 교사들의 관심사를 반영한 것으로, 영화 속에 과학 기술이 어떻게 '잘못' 재현되고 있는지를 지적하는 데 초점을 맞춘다. 이런 책들은 영화의 줄거리나 설정에서 과학 이론이나 개념을 활용할 때 그것이 어떻게 왜곡되는지를 폭로하고, 영화 속에 나타난 과학(자)의 모습이나 연구 환경이 현실 속의 과학과는 크게 다르다는 점을 지적하는 과학 대중화의 문제의식에서 출발하고 있다. 그리고 다른 하나는 철학자들의 문제의식을 반영한 것으로, 주로 SF 영화를 대상으로 해서 개인의 정체성, 삶의 의미, 가상과 현실의 관계, 인간과 기계의 차이 등에 관한 철학적 질문을 던지고 이에 답하는 내용을 담고 있다. 이런 책들에서 초점은 대체로 철학 이론과 개념에 맞추어져 있고, 영화는 그러한 이론과 개념을 해설하기 위한 '화두'로서의 역할만을 하는 것이 보통이다.

필자는 개인적으로 이런 책들을 재미있게 읽으면서도, 그 속에 뭔가가 빠져 있다는 생각을 종종 하곤 했다. 영화 속의 과학 기술 이미지를 과학자나 철학자의 눈으로 바라보는 대신, 현대 과학사나 과학기술학(STS) 전공자의 관점에서 보면 훨씬 더 흥미로운 시각을 제시할 수 있지 않을까? 그렇게 하면 영화를 과학의 (오)개념을 알기 쉽게 설명하거나 철학 이론을 해설하는 수단으로 삼는 것을 넘어서, 오늘날의 과학 기술이 밟아 온 길과 그것의 현재 모습을 이해하는 매개로 삼을 수 있을 터였다. 이 책은 내가 지난 10여 년 동안 품어 왔던 그런 문제의식을 담은 결과물이다.

이 책에서 나는 20세기의 대표적인 과학 기술 분야들인 핵, 우주,

컴퓨터, 환경, 생명 공학, 나노 기술 등을 다룬 30편의 영화들에 대한 분석을 시도하고 있다. 선정된 작품들은 매우 다양해서 널리 알려진 블록버스터 흥행작도 있지만 상대적으로 그리 알려지지 않은 컬트 영화도 있으며, 영화 장르와 형식의 측면에서도 SF뿐 아니라 호러, 드라마, 애니메이션, 다큐멘터리 등을 망라하고 있다. 이 모든 작품들을 하나로 묶는 키워드가 있다면, 그것이 현대 사회와 과학 기술이 맺고 있는 관계의 한 측면을 각각 나름대로 잘 보여 주고 있다는 점일 것이다.

내가 '영화 속의 과학 기술 이미지'라는 주제와 인연을 맺게 된 것은 대학원 석사 과정에 재학 중이던 1996년 봄에 서강대 학생들이 마련한 '제2대학' 프로그램에서 이 주제로 처음 강연을 했던 17년 전으로 거슬러 올라간다. 당시 강연은 아직 내용이 정제되지도 못했고 이런저런 아이디어의 단초들을 담은 수준에 불과했지만, 이렇게 한번 시작된 인연은 쉽사리 나를 놔주지 않았다. 주제 자체가 대중적 친화력이 있다고 여겨져서인지, 그 이후에도 이 주제로 계속해서 강연과 원고 집필 요청이 이어졌고, 문제의식을 좀 더 다듬어 관련 학회에서 발표를 할 기회를 갖기도 했다.

이 책은 그런 활동의 연장선상에서 개인적으로 문제의식을 확장해 보고자 지난 10여 년 동안 간간히 집필한 글들을 묶은 것이다. 이 중 두세 편을 뺀 나머지 대부분은 2003년 봄부터 시민과학센터에서 발간하는 소식지 《시민과학》에 「과학 기술 영화 DVD파일」과 「과학 기술 다큐 DVD파일」이라는 제목으로 연재했던 것이다. 연재 과정은 그리 순탄하지 못해서, 한두 달에 한 번씩 꼬박꼬박 글을 썼던 시기가 있었는가 하면 몇 달, 심지어 몇 년 동안 아예 손을 놓고 있었던 시기도 있었다. 그래도 천성이 게으른 내가 이만 한 분량의 원고를 만들어 낼 수 있었던 것은 거의 전적으로 매월 내지 격월로 연재 글을 써야 한다는 압박이 존재했기 때문이었으니, 이 책이 탄생하게 된 일등 공신을 꼽으라면 단연 《시민과학》이라는 매체를 들어야 할 것 같다.

선정된 영화들과 글의 형식에 대해 한두 가지 미리 언급해 둔다. 먼저 여기서 다룰 영화를 선정하는 데 있어서는 원칙적으로 국내에 정식으로 DVD가 출시된 적이 있는 작품으로 한정했다. 개인적으로 예전에 영화 관련 책들을 보면서, 아주 매력적으로 소개가 되어 있는데 정작 국내에서는 구해 볼 수 없는 작품인 것을 알고 좌절했던 기억이 많았기 때문이다. 그러나 다큐멘터리의 경우에는 국내에 출시된 쓸 만한 작품 자체가 너무 적어서 어쩔 수 없이 국내에 정식으로 소개되지 않은 작품들도 몇 편 포함시켰다. 앞으로 출시사들이 과학 기술의 역사적, 사회적 주제들과 관련된 다큐멘터리들도 다양하게 출시해 주기를 바라 마지않는다. 이 책에서 본격적으로 다루지는 않았지만 본문에 제목이 언급된 영화들은 권말에 관련 정보를 실어 놓았다.

글의 형식에 있어서는, 수록된 글들이 분량이 비교적 짧은 칼럼임에도 군이 인용주를 포함한 각주를 넣기로 했다. 조금 엉뚱하게 들릴지 모르지만, 2003년에 칼럼 연재를 시작할 때 개인적인 목표로 삼았던 것 중 하나가 '각주 달린 영화 칼럼을 쓰겠다'는 것이었다. 이는 영화를 보면서 그냥 떠오른 감상이나 아이디어를 정리하는 데서 그치지 않고, 뭔가 '공부'를 해서 내실 있는 칼럼을 써 보겠다는 소박한 다짐의 소산이었다. 과연 애초의 그런 목표가 글의 형식뿐 아니라 내용에 있어서도 관철되었는지 여부는 독자들이 판단할 몫으로 남겨 두기로 한다.

마지막으로, 칼럼을 연재하고 책으로 묶어 내는 과정에서 도움을 주신 분들을 떠올려 볼 기회를 놓칠 수 없다. 먼저 《시민과학》에 칼럼을 연재하는 과정에서 (무언의) 관심과 격려를 보내 주신 시민과학센터의 여러 선생님들과 지인들, 그리고 칼럼을 가장 먼저 읽어 준 독자인 시민과학센터 회원들에게 감사를 드린다. 앞서도 썼듯이, 《시민과학》이라는 매체가 없었다면 이 책은 애초에 햇빛을 볼 기회가 전혀 없었을 것이다. 그리고 내가 2007년 봄부터 시민과학센터 회원들을 대상으로 진행한 '과학 기술 영화 보기 모임'은 이 책에서 다룬 많은 영화들을 처음(혹은 다시) 보고 그에 대한 생각을 정리해 볼 수 있는 기회를 제공했다. 최근까지 100여 차례에 걸쳐 진행된 영화 보기 모임에 꾸준히 참여해 주신 여러 회원들께도 고마움을 전하고 싶다. 마시막으로 《시민과학》 연재 원고를 책으로 묶을 것을 제안하고 5년이 넘는 기간 동안 원고의 최종 완성을 기다려 주신 사이언스북스의 여러 분들께 감사드린다. 여기 소개된 영화들을 보고 내가 제시하는 분석을 읽으면서 독자들이 현대 사회 속에서 과학 기술의 위상과 역할, 문제점, 앞으로의 방향 등에 대해 조금이나마 생각해 볼 기회를 갖게 된다면 개인적으로 더 할 나위 없는 보람일 것이다.

2013년 11월

김명진

차례

1

핵,

우주,

컴퓨터

20세기
거대과학 기술의
명암

핵 실험과 핵전쟁의 그늘에
숨은 죄의식과 공포

「뎀!(them!)」
1954년
감독 고든 더글러스

1950년대는 괴물 영화의 전성기였다. 이 시기에는 핵무기의 방사능에 의해 돌연변이를 일으켜 거대화된 생물체나 핵 실험의 영향에 의해 '잠에서 깨어난' 태곳적의 괴물이 나오는 영화들이 크게 유행했다. 1953년에 만들어진 「심해에서 온 괴물」과 이듬해에 일본에서 제작된 「고지라」, 그리고 같은 해에 만들어진 「뎀!」은 이런 괴물 영화의 유행을 앞서서 선도했던 작품들이었다. 특히 거대화된 개미가 등장하는 「뎀!」은 탄탄한 연기와 유사 다큐멘터리 양식의 연출을 바탕으로 그해 워너 브러더스(Warner Brothers)가 배급한 영화들 중 최고 흥행 실적을 올렸을 정도로 대성공을 거두었고, 이후 거대한 문어(「그것은 바다 밑에서 왔다」), 거대한 거머리(「거대 거머리의 습격」), 거대한 전갈(「검은 전갈」), 거대한 독거미(「타란툴라」), 거대한 메뚜기(「종말의 시작」), 거대한 게(「게 괴물의 습격」) 등을 내세운 아류작들이 줄줄이 등장하게 되는 일종의 '원조'로서의 구실을 했다.[1]

「뎀!」은 미국 뉴멕시코 주 사막 인근의 한 마을에서 캠핑카와 상점이 잇따라 습격을 당하는 살인 사건으로 시작한다. 지역 경찰은 현장에서 발견된 기묘한 발자국 모양을 떠서 워싱턴으로 보내고, 곧이어 FBI 요원과 농무부 소속의 곤충학자 부녀(父女)가 파견된다. 이들의 도움을 통해 사건의 원인은 역사상 최초의 원자 폭탄 실험인 트리니티(Trinity) 실험의 잔류 방사능에 의해 트럭만 한 크기로 커진 거대 개미임이 밝혀진다. 이들은 사막의 개미굴을 발견하고 소이탄과 독가스 공격을 가해 전멸시키지만, 그 이전에 여왕개미와 수개미가 교미를 위해 둥지를 빠져나갔음을 알게 된다. 거대 개미 떼가 지구상을 완전히 뒤덮을지도 모른다는 위기감 속에, 군대는 로스앤젤레스의 하수도 속으로 숨어든 개미 떼를 처치하기 위해 계엄령을 선포하고 일전을 펼친다.

오늘날의 관점에서 보면 방사능에 의해 생명체가 거대화된다는 것은 상당히 우스꽝스러운 발상 같지만 1950년대의 맥락에서는 전혀 그렇지가 않았다.[2] 방사선에는 신비한 '생명력'이 있어 죽어 가는 환

---

1   Spencer Weart, *Nuclear Fear: A History of Images* (Cambridge, Mass.: Harvard University Press, 1988), p. 191. 「뎀!」 이후의 모방작들은 대부분 못 봐 줄 수준의 연기와 특수 효과를 자랑(?)하는 B급 영화들로, TV의 보급 이후 극장 관객의 주류를 형성하게 된 10대들을 겨냥해 제작된 '시류 영합 영화(exploitation film)'에 속한다.

2   당시의 관객들은 핵 실험의 결과 그러한 이상 현상이 발생했다는 사실을 매우 있을 법한 것으로 받아들였다. 개봉 당시 언론 매체들은 「뎀!」이 방사능 노출이 빚어낼 수 있는 결과를 '사실적으로' 그려 냈

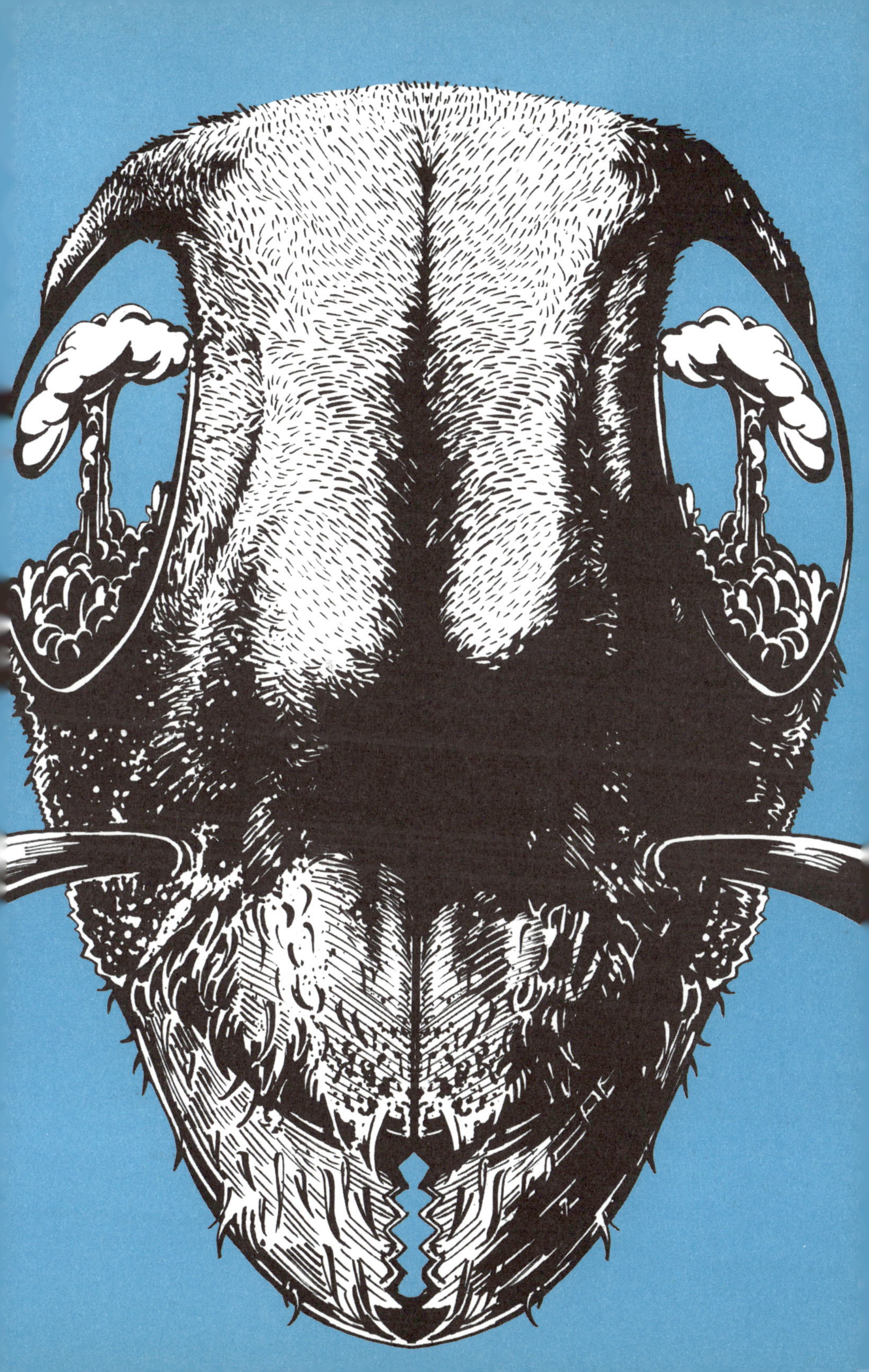

미 상공 회의소가 1957년에 제작한 홍보 다큐멘터리의 한 장면.

자를 살리고 질병을 낫게 할 뿐 아니라 생명체의 성장을 촉진할 수도 있다는 생각이 당시 대중적으로 널리 퍼져 있었고, 이런 아이디어는 1950년대 원자력 옹호자들이 펼친 핵 유토피아의 구상에서 중요한 일부를 차지했다. 가령 방사선을 쬐어 작물을 거대하게 만듦으로써 식량 생산을 증대시킬 수 있을 거라는 아이디어는 미국 정부가 내놓은 '평화를 위한 원자(Atoms for Peace)' 선전 프로그램의 일부였고, 미 상공 회의소가 만든 홍보 필름에는 "방사능으로 만들어 낸" 거대한 땅콩을 보고 입을 떡 벌리고 있는 소년의 모습이 실리기도 했다. 이처럼 질병을 치료하고 기아를 없애고 각종의 동력을 제공(원자력 로켓, 원자력 자동차, 가정용 원자로……)하는 등 마술과도 같은 원자의 힘에 대한 언급이 사라지고 초기에는 별로 각광 받지 못했던 핵 발전이 민간 원자력 이용의 주류로 부상하게 된 것은 1960년 이후의 일이었다.[3]

「뎀!」을 위시한 1950년대 괴물 영화들에 대해서는 이를 냉전 이데

다며 찬사를 보내기까지 했다. Joyce A. Evans, *Celluoid Mushroom Clouds: Hollywood and the Atomic Bomb* (Boulder, CO: Westview Press, 1998), p. 103.

[3]   Weart, *Nuclear Fear*, pp. 172-73.

올로기와 빨갱이 선풍(red scare), 그리고 보수주의라는 맥락에서 조명하는 시각이 설득력을 얻어 왔다. 이에 따르면 영화에 나오는 괴물은 미국 사회의 안온한 일상에 대한 공산주의의 위협을 의미한다. 1950년대 SF 영화들에 나오는 괴물은 대부분 인간과는 전혀 닮지 않은 곤충이나 갑각류 등이 거대화된 존재로서 감정이 없고 도덕·윤리적 원칙 등과 무관한 '타자(他者)'로 그려졌는데, 이는 1950년대의 냉전 이데올로기가 절대적 악의 제국으로 그려 내고자 했던 소련의 이미지와 겹쳐진다는 것이다. 이러한 시각에서는 또한 이들 영화에서 군대가 하는 역할에 주목했다. 1950년대 괴물 영화들에서 위협의 본질을 밝혀내고 괴물을 격퇴해 '질서를 회복'하는 역할은 거의 항상 군대나 FBI 같은 권위적 국가 기구(나 거기 소속된 과학자/전문가)들에 맡겨지며 일반 시민들은 여기에 전적으로 지지를 보내는 것으로 그려진다. 이들 영화에서 괴물의 존재가 '일반인들이 공황 상태에 빠질 것을 우려'해 철저하게 기밀에 붙여진다는 것도 놓치지 말아야 할 대목이다.[4]

그러나 이러한 맥락을 넘어 이들 영화를 핵무기 개발과 계속된 핵실험에 대한 일종의 경고이자 문제 제기로 읽는 것도 가능하다. 이렇게 보면 영화 속의 괴물들은 자연의 비밀을 파헤치고 원자를 조작해 가공할 만한 파괴력을 지닌 무기를 만들어 낸 과학자들의 불경(不敬)에 대한 '어머니 자연(Mother Nature)'의 복수라는 의미를 지니게 된다. 이와 같은 인식 속에 녹아 있는 죄의식과 불안감은 1950년대 중

4   Evans, *Celluoid Mushroom Clouds*, pp. 97–102.

반 이후 본격화된 대기 중 핵 실험의 낙진 위험성 논란으로 더욱 증폭되었다. 군과 정부 당국은 낙진에서 나오는 방사능의 위험성이 극히 미미한 수준임을 강조하는 한편으로, 대중을 안심시키기 위한 대대적인 선전 캠페인을 전개했다. 여기에는 "원자탄 폭발 관람"을 네바다 주 관광 코스에 끼워 넣고 관광객들이 시간에 맞춰 볼 수 있도록 핵 실험 스케줄을 부분적으로 공표하는 등의 활동이 포함되었다. 그러나 이 시기에 새롭게 생겨난 반핵 단체들은 낙진이 인간에게 암을 일으키고 생태계를 파괴하고 있다고 주장하면서 정력적인 핵 실험 중지 운동을 펼쳤고, 이들 간의 논쟁은 일반 대중의 불안감을 더욱 고조시켰다.[5]

이와 관련해 영화 속의 괴물들은 사회 전체에 어둡게 드리워진 전면 핵전쟁에 대한 공포감이 투사된 결과라는 해석도 등장했다. 저명한 미술 평론가인 수전 손택(Susan Sontag)은 「재앙의 상상력(The Imagination of disaster)」이라는 유명한 논문에서, 제2차 세계 대전 이후의 SF 영화에 나오는 괴물들은 핵무기를 가리키는 명시적인 은유라고 주장한 바 있다. 그녀는 실제 핵전쟁의 파멸적 결과에 관해 감히 생각할 엄두조차 낼 수 없게 된 관객들이 그러한 괴물에 공포감을 투사한 후 그것이 격퇴되는 것을 봄으로써 대리 만족감 내지 안도감을 얻는다는 흥미로운 설명을 내놓기도 했다.[6]

1970년대 이후 방사능에 대해 일반 대중이 품고 있던 신비감이 사

---

5   위의 책, pp. 95-96, 102-106. 대중적 압력에 밀려 1963년 미-소 간에 부분적 핵 실험 금지 조약이 체결됨에 따라 대기권, 바다, 우주 공간에서의 핵 실험은 결국 모두 금지되었다.

6   수전 손택, 이민아 옮김, 「재앙의 상상력」, 『해석에 반대한다』(이후, 2002).

라지고 핵에 대한 사회적 인식이 변화하면서 1950년대와 같은 '원자 괴물'은 더 이상 찾아보기 어렵게 되었다. 그러나 영화 속에서 과학 기술과 관련된 괴물이 사라진 것은 아니었다. 방사능이 지닌 '신비한 능력'은 이제 독성 화학 물질과 유전 공학이 물려받았는데, 이는 현실 속에서의 환경 의식 성장과 생명 공학의 급부상이라는 또 다른 변화를 그 속에 반영하고 있다.

'정치'와 '기술'에 대한 엇갈린 태도

「**아이언 자이언트**(The Iron Giant)」
1999년
감독 브래드 버드

거대한 로봇이 등장하는 애니메이션은 사실상 일본 만화계의 전유물이다시피 했다. 일본의 만화 작가들은 「철인 28호」(1963~1966년)에서 처음으로 인간보다 훨씬 더 큰 전투 로봇의 개념을 도입했고, 「마징가 Z」(1972~1974년)에서는 사람이 탑승해 로봇과 일체가 되어 싸운다는 획기적인 발상의 전환을 이뤄 냈다. 이후 「그레이트 마징가」, 「그랜다이저」, 「겟타 로보」 등을 필두로 봇물 터지듯 쏟아져 나온 일명 '거대 로봇 애니메이션'들은 인간의 손과 발의 연장으로서의 기계라는 개념을 극단까지 밀어붙였고, 주 시청자층이었던 사내아이들에게는 결코 잊을 수 없는 '로망'을 제공했다.[1]

　「아이언 자이언트」는 미국에서 만들어진 애니메이션으로서는 극히 이례적으로 거대 로봇을 '주인공'으로 등장시키면서도 일본 애니메이션과는 차별화된 이미지를 선보인 작품이다. (어린이들을 주 대상으로 하는 애니메이션으로서 디즈니가 아닌 워너 브러더스가 제작했다는 점도 흥미롭다.) 때는 1957년 10월, 소련이 최초의 인공위성인 스푸트니크(Sputnik)를 막 쏘아 올린 직후이다. 미국 메인 주에 있는 한 시골 마을 인근 바다에 우주에서 날아온 거대한 로봇(금속 인간?)이 떨어진다. 쇠를 먹으며 학습 능력과 자의식을 지닌 이 로봇은 발전소를 뜯어 먹으려 하다가 이 마을에 사는 9살 난 소년 호가드 휴즈에 의해 구출된 후 소년의 '친구'가 된다. 한편 마을에서 쇠로 된 물건들이 계속 사라지는 괴상한 사건을 조사하기 위해 파견된 연방 수사관 켄트 맨슬리는 거대 로봇의 존재를 간파하고, 이것이 (적국의?) 무기라고 생각해 군대를 끌어들인다. 통상적인 공격으로는 로봇을 파괴할 수 없음을 알게 된 맨슬리는 핵무기 공격을 지시하고, 거대 로봇은 마을을 구하기 위해 대기권 밖에서 핵폭발과 함께 영웅적인 '최후'를 맞는다.

「아이언 자이언트」는 개봉 당시 흥행에 참패했지만 비평가들로부터는 거의 만장일치의 호평을 얻어 냈는데, 특히 아동용 애니메이션의 외양을 가졌음에도 1950년대 냉전기의 정치적 상황에 대한 비판적 논평을 제법 진지하게 담고 있다는 점에서 주목을 받았다.[2] 당시 미-소 간에 수천 발의 핵무기가 서로 겨누어진 일촉즉발의 위기의식이 팽배한 가운데, 소련의 스푸트니크 발사는 미국 사회에 거의 편집

<hr>

1   선정우, 『슈퍼 로봇의 혼』(시공사, 2002).

2   http://djuna.cine21.com/movies/the_iron_giant.html. 아울러 영국의 영화 전문지 《사이트 앤 사운드》에 실렸던 리뷰도 참고하라. http://old.bfi.org.uk/sightandsound/review/537

증에 가까운 심리적 공황 상태를 야기했다. 미국인들은 소련 인공위성에서 핵폭탄을 '떨어뜨릴지도' 모른다고 우려했고, 인공위성을 쏘아올린 거대한 로켓이 대륙 간 탄도 미사일(Intercontinental ballistic missile, ICBM)이 되어 미국 본토에 핵 공격을 가할 수 있다는 사실에 전율했다.

이런 정서를 가장 잘 대변하는 인물이 바로 극중의 연방 수사관 맨슬리 ―「엑스파일」의 패러디를 감지할 수 있는― 이다. 그는 "누가 그걸 만들었건 상관없어! 우리가 만들지 않은 거라면 모두 나쁜 것이고 없애 버려야 해!" 같은 대사를 통해 엿볼 수 있듯, 음모 이론의 신봉자이자 극단적 반공주의와 국수주의를 내세우는 인물로 그려져 있다. 이 작품은 맨슬리를 정형화·희화화시켜 극히 기회주의적인 인물로 묘사함으로써 1950년대의 비이성적 분위기에 일침을 놓는다.

아울러 이 영화는 1950년대 이후 미국 정부가 일반 대중을 상대로 벌인 허구적 선전 활동을 폭로하고 있다는 점에서 흥미롭다. 1949년에 소련이 원자 폭탄을 개발해 미국의 핵 독점이 깨지고 미국 본토가 핵무기 공격에 노출될 가능성이 제기되자, 미국 정부는 핵 공격에 대비한 민방위 프로그램 제작을 지원하고 이를 학교 등에 배포했다. 당시 만들어진 선전 영화들에서는 예기치 못한 핵 공격이 가해졌을 때 이른바 '덕 앤드 커버(duck and cover)' 방법으로 자신의 몸을 보호하라고 가르쳤다. 즉, 원자 폭탄의 섬광이 번득이는 즉시 책상이나 벽 아래로 몸을 던진 후 '몸을 웅크리고 머리를 감싸라'는 것이었다(우리나라에서도 1980년대까지 학교에서 이런 식의 민방위 훈련이 종종 있었다).[3]

그러나 이런 식의 선전은 핵 공격에 대비하는 실질적인 '쓸모'보

다 ─ 반경 수십 킬로미터를 쑥대밭으로 만드는 메가톤 규모의 수소 폭탄이 도시에 떨어질 경우 책상 밑에 숨는 정도로 위험을 피할 수 있을 리가 만무하지 않은가? ─ 정치적인 의미가 더 컸다. 핵전쟁의 위험을 대중의 뇌리 속에 지속적으로 각인시켜 소모적 군비 경쟁을 정당화하는 한편, 미국의 대중에게는 스스로를 방어할 뭔가를 갖추고 있다는 거짓 안도감을 심어 주는 이중의 목적이 그것이었다.[4] 「아

3   미국의 UCC 동영상 사이트인 '유튜브'에 가면 1951년에 제작된 오리지널 *Duck and Cover* 교육 영화를 볼 수 있다. http://www.youtube.com/watch?v=COK_LZDXpOI

4   http://en.wikipedia.org/wiki/Duck_and_cover. 당시의 선전 영화들은 핵 공격이 일어나도 '툭툭 털고 일어나' 황폐해진 사회를 금방이라도 재건할 수 있을 것처럼 그리고 있는 경우가 많았는데, 이런 일련의 선전들이 지닌 허구성은 1982년에 공개된 다큐멘터리 영화 「원자 카페」에서 통렬하게 폭로되었다. 「원자 카페」는 일체의 내레이션이나 인터뷰 영상이 없이 오직 1940년대와 1950년대에 만들어진 뉴스릴, 교육 영화, 선전 영화 필름만을 엮어 만든 '짜깁기' 다큐멘터리로, 1950년대 미국 사회를 휩쓸었던 '핵 문화'를 유쾌하게 풍자하고 있다.

이언 자이언트」는 학교에서의 교육 영화 상영 장면을 통해 훨씬 더 희화화된 '덕 앤드 커버' 시퀀스(sequence)를 그려 넘으로써 1950년대 미국 문화의 일단을 풍자하고 있다.

그러나 이처럼 예리하게 벼려진 정치적 감각과는 정반대로, 「아이언 자이언트」가 기술에 대해 취하고 있는 태도는 다분히 '전통적'이다. 1980년대 이후 부상한 구성주의 기술 사회학의 다양한 이론적 조류들은 기술이 사회적 진공 상태에서 생겨나 외재적으로 주어지는 것이 아니라 특정한 사회적 맥락 속에서 구성이 되고 틀이 지어진다는 것을 공통된 전제로 삼고 있다.[5] 그러나 이 영화에서 가장 눈에 띄는 기술(기계)인 거대 로봇은, 기술이 하늘에서 뚝 떨어지는 것은 아니라는 구성주의적 입장을 마치 비웃기라도 하듯, '백지 상태로' 하늘에서 뚝 떨어진다. 이런 설정은 부서졌을 때 자가 수리까지 가능한 '최첨단' 기계인 거대 로봇이 애초에 누구에 의해 왜 만들어졌으며, 단순히 '자기 방어'만을 위해 존재한다는 거대 로봇의 무기들은 왜 그리 무시무시한지 하는 질문들을 모두 슬쩍 비켜 간 채 "넌 네가 원하는 것이 될 수 있어!"라는 호가드의 외침만을 부각시킨다.

이는 '자유 의지'의 관점에서는 감동적인 메시지일지 모르겠지만, 불행히도 기술을 바라보는 '올바른' 관점은 아니다. 영화에서와는 달리 어떤 기계, 어떤 기술도 하늘에서 뚝 떨어지지는 않으며, 특정한 맥락에서 배태되어 사회 속에 자리 잡은 그 어떤 기술도 우리가 그것의 의미를 마음대로 '써넣을' 수는 없기 때문이다. 기술에 대한 이러

5   송성수 엮음, 『과학 기술은 사회적으로 어떻게 구성되는가』(새물결, 1999).

한 전통적 태도는 자칫 무시무시한 군사 무기건, 오염 물질을 내뿜는 산업 공정이건 간에 기술은 하기 나름, 쓰기 나름이라는 식의 보수적인 결론으로 치달을 수 있다. 일견 '흐뭇하게' 보이면서도 정치와 기술에 대한 태도에서 서로 엇박자를 이루는 이 영화를 우리가 비판적으로 독해해야 하는 이유도 바로 여기에 있다.

핵무기, 인류 절멸에 대한 강력한 경고

03

「**핵전략 사령부**(Fail-Safe)」
1964년
감독 시드니 루멧

1945년 7월 미국에서는 최초의 원자 폭탄 실험인 트리니티 실험이 성공했고, 그해 8월 일본 히로시마와 나가사키에 원폭이 투하되었다. 미국은 원자 폭탄 제조에 관한 '비밀'을 유지해 이 무기를 독점하고자 했지만, 예상보다 빨리 1949년에 소련이 원자탄 개발에 성공함으로써 이런 희망은 깨어졌다. 이에 미국은 소련을 앞지르기 위해 1952년에 원자 폭탄의 수천 배에 달하는 위력을 가진 수소 폭탄을 개발했고, 소련 역시 이에 지지 않고 1955년에 수소 폭탄을 개발했다. 이로써 냉전 시기 미-소 두 강대국이 치열하게 전개한 핵무기 군비 경쟁이 시작되었다. 미-소 두 나라는 상대국에 대한 이른바 "미사일 격차(missile gap)"를 줄인다는 명목으로 핵무기를 경쟁적으로 양산해 냈고, 그 결과 1960년대 초가 되면 이미 양국은 인류를 여러 번 멸망시키고도 남을 정도의 엄청난 핵무기를 보유하게 되었다.[1]

이러한 사실이 알려지면서 핵에 대한 대중의 공포는 걷잡을 수 없이 커졌다. 이제 핵전쟁은 잘못 발생한 경보나 기계의 오작동, 인간의 실수 같은 사소한 요인들에 의해 발생할 수 있는 어떤 것이 되었고, 만약 이런 일이 실제로 발생한다면 이는 곧 인류의 절멸을 의미했다. 1962년의 쿠바 미사일 위기는 세계의 운명이 우연과 판단 착오, 그리고 인간의 어리석음에 의해 좌지우지될 수 있음을 여실히 보여 주었다. 1964년에 개봉한 두 편의 영화 「닥터 스트레인지러브」와 「핵전략 사령부」는 이러한 당시의 분위기를 반영해 만들어졌다.[2] 이 중 「닥터 스트레인지러브」가 블랙 코미디의 형식을 빌려 핵무기를 둘러싼 당시의 상황을 풍자한 것에 가깝다면, 유진 버딕(Eugene Burdick)과 하비 휠러(Harvey Wheeler)의 베스트셀러 소설을 영화로 만든 「핵전략 사령부」는 훨씬 더 심각하고 직설적인 스타일로 정면 돌파하는 쪽이었다.

영화에서 미 공군은 완벽을 기하기 위해 인간에 의존하지 않도록 고안된 지휘 통제 시스템을 개발해 실전 배치한다. 그러나 기기 오작동과 우연적 사건들이 겹치면서 핵폭탄을 탑재한 공군 편대에 모스크바로 출격하라는 명령이 떨어진다. 이 사실을 알게 된 미국 대통령(헨리 폰다)은 편대에 직접 연락해 명령을 취소하려 하지만, 정해진 명

---

1   이필렬, 「핵분열 발견과 원자 폭탄 개발」, 『에너지 대안을 찾아서』(창작과비평사, 1999), pp. 221-234.

2   폴 보이어, 「닥터 스트레인지러브」, 마크 C. 칸즈 외, 손세호 외 옮김, 『영화로 본 새로운 역사 2』(소나무, 1998), pp. 160-165.

령 전달 방식만을 받아들이도록 훈련 받은 편대장(에드워드 빈스)은 이를 무시한다. 이들을 격추하려는 시도까지 했다가 실패해 다급해진 미국 대통령은 소련 서기장에게 전화를 걸어 협력을 요청한다. 전면 핵전쟁을 피하고 신뢰를 회복하기 위한 방편으로, 그는 만약 소련에서 자국 영토 방어에 실패해 모스크바에 핵탄두가 떨어지면 그 즉시 뉴욕에도 동일한 핵탄두를 투하하겠다고 약속한다. 불행히도 이 약속은 그대로 이행(!)되고 만다.

「핵전략 사령부」의 개봉 당시 미 공군에서는 영화에서 묘사한 것과 같은 사건 — 특히 공격 명령 취소가 불가능하다는 대목 — 은 엄격한 안전 시스템 때문에 결코 일어날 수가 없다며 강력하게 항의했다(영화의 맨 끝에 보면 미 국방부와 공군 측의 이러한 해명 내용을 알리는 자막이 나온다).[3] 그러나 특정한 장비나 구체적인 군사적 대응 절차를 정확하게 묘사했는가 여부를 기준으로 이 영화(혹은 「닥터 스트레인지러브」)를 평가한다면 이는 핵심을 놓치는 일이 될 것이다. 이 영화가 지닌 설득력은 미-소 간의 군비 경쟁과 극한 대치 상태가 불가피하게 내포한 핵전쟁의 불확실성과 위험을 '은유적인' 차원에서 보여 준 데

---

[3] 그러나 이 영화에서 묘사한 것처럼 기기 결함과 우연적 요소가 겹친 사건이 1960년 10월에 탄도 미사일 조기 경보 시스템(BMEWS)에서 실제로 일어난 적이 있다. 전송되어 온 레이더 신호를 분석한 컴퓨터 시스템이 북극을 넘어 미국으로 미사일이 날아오고 있다고 판독한 것이다. 이에 전략 공군 사령부에서 레이더 기지에 확인을 요청했으나, 기지에서는 아무런 응답도 없었다. (운이 나쁘게도 첫 번째 메시지가 보내어진 직후 해저 케이블이 끊어져 메시지 정정이 불가능했던 상황이었다.) 그러나 북미 방공 사령관은 미사일 공격이 실제로 가해졌을 가능성이 너무 낮다고 생각했고, 대응 조치에 들어가기 전에 레이더 기지와 연락해 볼 것을 고집했다. 결국 그는 전화로 기지 사령관과 연락을 취할 수 있었고 위기는 해소되었다. BMEWS 컴퓨터는 달과 미사일을 혼동해 그런 판독 결과를 내놓았던 것으로 나중에 밝혀졌다. Patricia S. Warrick, *The Cybernetic Imagination in Science Fiction* (Cambridge, Mass.: The MIT Press, 1980), p. 122.

있기 때문이다.[4]

이 영화에서 가장 흥미로운 대목은 핵전략을 둘러싼 블랙 장군(댄 오헐리)과 그로테첼 교수(월터 매튜) 간의 대립 구도이다. 블랙은 인류 전체가 멸망할지도 모르는 핵전쟁에서 승자란 있을 수 없다며, 자동화된 무기 시스템에 의존하는 군사적 대치 상태의 완화와 군비 경쟁의 중단을 주장하는 인물로 그려진다. 이는 1950년대에 핵무기로 인한 인류 절멸의 위험을 경고했던 러셀-아인슈타인 선언이나 그 후속 조직인 퍼그워시 회의(Pugwash Conference)에서 양심적 과학자들이 옹호했던 입장과 상당히 유사하다. 반면 그로테첼은 전쟁이 여전히 사회적·정치적 분쟁의 유효한 해결책이며, 설사 핵전쟁이라 해도 '승자'와 '패자'는 존재한다고 주장하는 냉철한 인물이다(그는 6000만 명의 미국인이 사망하는 것이 '용인 가능한' 최대의 희생이라고 생각한다). 이에 따라 그는 핵전쟁에서 '승자'가 되기 위해서는 더 많은 핵무기를 비축함으로써 충분한 보복 능력을 갖춰 전쟁에 '대비'해야 하며 군비 경쟁도 오히려 더욱 가속화시켜야 한다고 역설한다.

아마도 요즘 이 영화를 보는 사람들은 그로테첼 같은 '정신 나간' 사람이 설마 있었을까 하는 의문을 품을지도 모르겠다. 그러나 그로테첼은 상상의 산물이 아니라 실존 인물인 허먼 칸(Herman Kahn)을 모델로 해서 만들어진 등장인물이다. (칸은 「닥터 스트레인지러브」에 나오는 스트레인지러브 박사에도 모델을 제공했다.) 1960년대 초 미 공군의 지원을 받는 두뇌 집단인 랜드 연구소(RAND Corporation)의 전

<hr>

[4]　Paul Brians, *Nuclear Holocausts: Atomic War in Fiction, 1895-1984* (Kent: Kent State University Press, 1987), pp. 27-28.

략 분석가였던 칸은 퍼그워시 회의의 군비 경쟁 중단 호소를 "문외한의 견해"라고 일축하면서, '시스템 분석의 시각'에 입각해 핵전쟁의 가능한 시나리오들을 제시했다. 그는 설사 미-소 간 핵전쟁이 일어나더라도 '단지' 4000만에서

허먼 칸.

8000만의 미국인이 사망할 뿐이며, 전쟁 후에 문명과 경제가 생존자들에 의해 빠르게 재건될 거라고 판단했다. 이러한 입장에 근거해 그는 미국이 적을 선제공격할 수 있는 능력을 가져야 하며, 역으로 소련 측이 선제공격을 해 올 경우 이에 보복하기 위해 엄청난 양의 수소폭탄을 보유할 필요가 있다고 주장했다. 그의 관점에서는 이와 같은 전쟁 '대비'야말로 바로 이성적이고 합리적인 행동 — 미친 짓이 아니라 — 이었다.[5] 이러한 논의는 냉전기에 핵무기의 존재로 인해 빚어진 정상과 비정상, 이성과 광기 사이의 전도(顚倒) 현상을 극적으로 보여 주는 것이라 하겠다.

「핵전략 사령부」는 냉전이 끝난 현재의 시점에서 그 시효가 만료된 것으로 여겨질지 모른다. 실제로 1980년대 레이건 행정부 시절의

5   홍성욱, 「1960년대 인간과 기계」, 이중원 외 엮음, 『인문학으로 과학 읽기』(실천문학사, 2004), pp. 211-239.

군비 증강으로 인해 1990년대 초 6만 기까지 증가했던 미-소 양국의 핵탄두 수는 냉전 종식 이후 군비 축소에 힘입어 크게 줄어들었다. 그러나 이러한 노력에도 불구하고 핵보유국의 수는 1990년대 들어 오히려 증가하고 있으며, 아직 해체되지 않은 수천 기의 핵무기가 여전히 남아 있다는 사실은 우리를 쉽게 안심하지 못하게 만든다. 미국 본토를 이른바 '불량 국가'들의 공격으로부터 지키겠다는 부시 행정부의 미사일 방어(MD) 계획이 핵을 둘러싼 긴장 관계를 완화하기보다는 오히려 더 고조시킨 지난 10여 년의 경험이 그렇다.[6] 핵을 둘러싼 긴장감과 위기가 극에 달했던 냉전 치하의 1960년대 초를 돌아보게 하는 「핵전략 사령부」의 현재적 의의는 아마도 여기서 찾을 수 있을 것이다.[7]

---

6   정욱식, 『미사일 방어 체제 MD』(살림출판사, 2003).

7   「핵전략 사령부」는 2000년에 TV용 영화로 다시 제작되었다. 리메이크 영화는 조지 클루니의 메이스빌 영화사(Maysville Pictures)가 제작하고 스티븐 프리어즈가 감독을 맡았으며, 하비 케이틀, 리처드 드레이퓨스, 행크 아자리아, 제임스 크롬웰, 샘 엘리엇 등의 명연기자들이 출연했다. 흥미로운 점은 미국 CBS 방송사에서 2000년 4월 9일에 이 영화를 사전 녹화나 편집 없이 '실황으로' 방송했다는 것이다. 그러니까 마치 연극처럼 몇 번의 리허설을 거친 후 배우들이 실제 연기하는 장면을 그대로 촬영해 방송했다는 얘기다.

   리메이크 영화는 1964년 원작의 설정을 요즘 실정에 맞게 고치거나 하지 않고 거의 그대로 따르고 있으며, 많은 부분은 대사까지 완전히 똑같다. 다만 등장인물들을 소개하는 영화의 앞부분이 대폭 단축되어 상영 시간이 85분 정도로 줄어들었다는 점이 차이 나는 부분이다. 고전 영화가 취향에 별로 맞지 않는 사람이라면 리메이크 쪽을 추천한다. 리메이크 작은 국내에 「페일 세이프」라는 제목으로 비디오 출시된 적이 있으며, DVD는 미국과 영국에서만 출시되어 있다.

핵 발전소 사고 속의
무기력한 과학 기술자

「**차이나 신드롬**(The China Syndrome)」
1979년
감독 제임스 브리지스

「차이나 신드롬」은 핵 발전소 사고를 직접적으로 다루고 있는 흔치 않은 영화이다. 영화의 제목인 '차이나 신드롬'은 바로 핵 발전소에서 일어날 수 있는 최악의 사고인 노심 용해(meltdown)가 일어났을 때를 가리키는 말이다. 노심 용해는 원자로에서 열을 발생시키는 노심('코어')이 물 밖으로 드러나 그 속에 채워져 있는 우라늄 연료봉이 녹아내리는 사고를 말하는데, 이것의 녹는점(섭씨 2800도)은 노심을 둘러싸고 있는 강철 용기와 콘크리트의 녹는점보다 더 높기 때문에 이를 녹이고 점점 아래로 내려가게 된다. 이때 이론적으로는 이것이 지구 중심을 통과해 반대쪽에 위치한 중국까지 다다르는 것을 막을 수 있는 것이 아무것도 없다는 뜻에서 그런 이름이 붙었다.[1] 물론 영화 속

스리마일 핵 발전소.

에서도 설명되듯이 녹아내린 노심이 중국까지 도달하는 일은 일어나지 않으며, 대신 그 전에 지하수와 만나게 되면 거대한 폭발을 일으키면서 대기 속에 엄청난 양의 방사능 물질을 뿜어내는 최악의 사태가 빚어질 수 있다. 흥미롭게도 이 영화는 원전 역사상 가장 심각한 사고 중 하나로 여겨지는 1979년의 미국 스리마일 섬(Three Mile Island) 원전 사고 직전에 개봉해 더욱 큰 화제를 불러일으켰다.

영화는 TV 리포터인 킴벌리 웰즈(제인 폰다)가 카메라맨 리처드 애덤스(마이클 더글러스)와 함께 핵 발전소 홍보 취재를 떠나는 데서 시작한다. 취재 도중 그들은 기기 오작동과 판단 착오로 인해 거의 노심 용해에 이를 뻔한 사고 정황을 목격하게 되는데, 웰즈와 애덤스는 그 광경을 몰래 촬영해 방송으로 내보내려 한다. 그러나 핵 발전소의

1   이필렬, 「원자력 발전소 사고」, 『에너지 대안을 찾아서』(창작과비평사, 1999), p. 95.

    할리우드 사이언스

신규 인가를 눈앞에 두고 있는 전력 회사 측은 방송사의 고위 간부와 접촉해 사건을 은폐하려 하고, 애덤스는 필름을 반핵 운동 진영에 넘겨 이에 맞선다. 한편 발전소의 수석 엔지니어인 잭 고델(잭 레먼)은 사고 발생 시의 비정상적인 진동에 의문을 품고 이를 조사하다가 발전소 건설 과정에서 부정이 개입했다는 사실을 알게 된다. 고델은 발전소 운전에 위험이 따를 수 있음을 알고 발전소 측에 운전 중단과 철저한 조사를 요구하지만 막대한 비용과 운영 적자를 이유로 거절당한다. 이에 분개한 고델은 발전소의 중앙 통제실을 점거하고 TV 리포터를 불러 이 사실을 폭로하려 한다.

오늘날의 시각으로 보면 다소 낡은 듯 보이기는 하지만, 「차이나 신드롬」은 핵 발전소에 내재한 사고 가능성을 개연성 있게 보여 주었다는 점에서 현재까지도 시사하는 바가 크다. 이는 1974년에 이 영화의 최초 각본을 쓴 마이크 그레이가 실제로 엔지니어였다는 점과 무관하지 않다. 이 영화에는 두 차례의 '사고'가 등장하는데, 이들 각각은 1970년대에 미국 핵 발전소들에서 일어났던 실제 사건들로부터 영감을 얻어 재구성된 것이다. 실제로 1970년 시카고 인근의 드레스덴 II 원전에서는 원자로 수위 계기의 지침이 꽉 끼어 눈금을 잘못 가리킨 사건이 있었으며, 1975년 앨라배마 주의 브라운즈 페리 원전에서는 화재로 인해 냉각재 순환 장치가 제대로 작동하지 않아 멜트다운에 이를 뻔한 사고가 있었다.[2] 물론 이 영화를 둘러싼 사건들 중 가장 극

---

2   이 정보는 샌디에이고 대학교 역사학과에서 정년퇴임한 스티븐 쇤헤어(Steven Schoenherr)의 홈페이지에 있는 역사 영화 아카이브인 'filmnotes'에서 얻었다. 이곳에서는 「차이나 신드롬」과 스리마일 섬 원전 사고에 관한 다양한 참고 문헌 목록도 얻을 수 있다. http://www.sunnycv.com/steve/filmnotes/chinasyndrome.html

적이었던 것은, 찬반양론 속에서 영화가 개봉한 지 불과 11일 후에 스리마일 섬에서 실제 멜트다운 사고가 일어났다는 사실일 것이다. 잘 알려져 있는 바와 같이, 스리마일 섬 사고는 미국에서 원전 반대 운동이 힘을 얻는 결정적 계기가 되었고, 이후 30년 이상 미국 내에서 추가로 주문된 상업용 원자로는 단 한 기도 없었다.

「차이나 신드롬」은 그것이 다루고 있는 소재의 특수성을 잠시 접어 둔다면, 「대통령의 음모」처럼 1970년대를 주름잡았던 사회 고발성 영화의 계보를 잇고 있는 정치 스릴러로 볼 수 있다. 여기에는 공공의 안전은 온데간데없이 이윤만 밝히는 거대 에너지 회사, 회사의 안전 관행을 적당히 눈감아 주는 핵 규제 위원회(Nuclear Regulatory Commission, NRC) 같은 정부 기구, 그리고 문제를 은폐하려는 음모와 암살 기도가 등장하며, 이런 문제를 끈질기게 추적하는 언론사 기자와 여기에 정보를 주는 공익 제보자가 전면에 부각된다. 이는 어찌 보면 다분히 틀에 박힌 구성이다.

그러나 「차이나 신드롬」은 여기 등장하는 공익 제보자가 현장 엔지니어라는 점에서 통상적인 정치 스릴러와는 또 다른 공감을 자아낸다. 이 영화의 주인공 중 한 사람인 잭 고델은 원전을 "자신의 생의 전부"로 여기는 인물로, 발전소가 사고에 대비해 철저한 주의를 기울여 설계되었으며 이중, 삼중의 안전장치로 보호되고 있다는 믿음을 가진 것으로 그려진다. 그는 발전소 인근 바에 찾아온 미인 여성 리포터에게 호기심을 보이기도 하고, "전등을 켤 때면 10퍼센트만 나를 생각해 달라."고 부탁하는 등, 우리 사회에서 흔히 찾아볼 수 있는 평범한 엔지니어의 모습과 별반 다르지 않다. 그러나 발전소의 안전성

여러분
빨리 도망가세요

에 대한 믿음이 배반 당하고 정당한 문제 제기가 가로막히자 그는 갈등 속에 공익 제보자로서의 길을 택하고 절망감 속에 발전소를 점거하는 극한 행동으로까지 치닫게 된다.

이 영화가 그려 내고 있는 이와 같은 엔지니어의 모습은 1970년대 이후 영화들에서 자주 등장하는 '통제권을 잃고 무력해진 과학 기술자'의 모습을 잘 보여 주고 있다.[3] 영화 속에 나타난 과학 기술 이미지를 분석한 학자들에 따르면, 1950년대까지는 영화에 등장한 과학 기술자들이 대체로 공동체로부터 동떨어져 독립적으로 활동하는 것으로 그려진 반면, 1970년대부터는 과학 기술자들이 대기업, 정부, 군대 등에 고용되어 주어진 일만 하면서 자율성에 제약을 받는 존재로 그려지는 경우가 흔해졌다.[4] 과학 기술자가 자신이 일으킨(혹은 자신과 연관된) 문제를 발견하고 이를 해결하려 시도하다가 자신에게 권한이 없음을 새삼 깨닫고 좌절하는 내용을 담은 최근의 여러 영화들이 이를 잘 보여 주고 있다.

마지막으로 이 영화에서 봐 둘 만한 점은, 전문가 언어와 일반 대중이 사용하는 일상 언어 사이의 괴리이다. 영화 속에서 핵 발전소 종사자들이 사용하는 언어는 뜻을 짐작하기 어려운 약어와 기술 용어들로 가득 차 있고, 이는 영화 속의 다른 등장인물들에게(그리고 관객에게도) 생경함과 거리감을 안겨 준다. 그러나 영화 끝부분에서 잭

<hr>

3   Steven L. Goldman, "Images of Technology in Popular Films: Discussion and Film-ography," *Scienece, Technology, & Human Values*, 14:3(1989), p. 277.

4   앤드루 튜더, 「과학의 가장 나쁜 측면을 들여다보는 창」, 《시민과학》 37호(2002년 6월), pp. 26-34.

고델이 발전소가 안고 있는 문제를 TV 시청자들에게 폭로할 때 "너무나 복잡하고 어려운 문제"라는 말을 되풀이하며 "미치광이로 보이기에 충분한" 요령부득의 설명을 늘어놓는 장면을 보면, 그러한 의사소통의 괴리에서 피해를 보는 것은 일반 대중만은 아닌 듯싶다. 평소에 일반 대중과의 의사소통 노력을 게을리하고 연구 개발과 일상 작업에만 몰두하는 것은 '결정적인' 시기에 이르면 과학 기술자에게도 아무런 도움을 주지 못하는 것이다.

"What-If"의 세계, 순진한 우주 비행의 열망

「왕립우주군―오네아미스의 날개(王立宇宙軍―オネアミスの翼)」
1987년
감독 야마가 히로유키

20세기의 로켓 개발, 그리고 이와 맞물린 우주 개발 경쟁의 역사는 수많은 책, 영화, 다큐멘터리 등을 통해 이제 거의 신화가 되었다. 제2차 세계 대전기 독일의 V-2 로켓 개발에 공통의 뿌리를 둔 미국과 소련의 장거리 미사일 개발 경쟁은 우주 개발 경쟁으로 이어져 1957년 10월 소련의 스푸트니크 발사, 1961년 4월 유리 가가린(Yurii Gaggarin)의 최초 유인 우주 비행, 1969년 7월 미국의 아폴로 11호의 달 착륙까지 숨 가쁘게 이어졌다. 이처럼 냉전 시기 미-소 두 나라의 치열한 체제 경쟁이 유인 우주 비행과 달 착륙의 시기를 예상보다 훨씬 앞당겼고, 오늘날까지 유인 우주 비행의 전망을 이어 오는 데 영향을 미쳤다는 데 이의를 달 사람은 별로 없을 것이다.

흔히 역사에 '만약'은 없다고들 한다. 그렇지만 이런 불가침의 금언을 잠시 접어 둔다면, 여기서 유혹적이면서도 흥미로운 질문을 던져 볼 수 있다. 만약 제2차 세계 대전과 냉전이라는 요소가 없었다면 우주 개발이라는 '꿈'은 지금쯤 어디까지 와 있을까? 시기는 조금 늦어졌어도 지금과 비슷한 모습으로 발전했을까? 아니면 우리가 경험한 것과는 전혀 다른 경로를 따라갔을까? 우리는 과연 지금쯤 유인 우주 비행의, 더 나아가 '달나라 여행'의 꿈을 이루었을까? 「신세기 에반게리온」으로 유명해진 일본의 애니메이션 집단 가이낙스(Gainax)가 창립작으로 선보인 애니메이션 「왕립우주군」은 이 가상의 질문에 대한 답변을 엿볼 수 있는 작품이다.

지구와 닮은 가상의 시공간에 위치한 세계. '오네아미스 왕국'과 '공화국'으로 나뉘어 군사적으로 대치하면서 군비 경쟁이 진행되고 있는 이곳에서 주인공 시로츠구 라닷트는 제트기 조종사를 꿈꾸다가 성적 때문에 좌절을 맛본 후 우주군에 들어간다. 우주군은 우주 개발과 유인 우주 비행을 목표로 로켓 개발을 추진하는 군의 부문 중 하나지만, 로켓의 실현 가능성에 대한 회의적 시각 때문에 우주군을 바라보는 사회의 시선은 차갑다. 시로츠구는 주로 사회의 낙오자들이 모이는 우주군에서 무위도식하다가 길거리에서 종말론을 설파하는 소녀 리이크니를 만난 후 최초의 우주 비행사로 자원한다. 처음으로 시도되는 유인 우주 비행에 대해 기대와 열광, 우려와 반감이 교차하는 가운데, 로켓의 발사는 왕국과 공화국 간의 군사적 음모와 분쟁 속으로 휘말린다.

「왕립우주군」의 세계는 우리가 살고 있는 세계에서 로켓 개발이

거쳐 온 과거를 흥미로
운 방식으로 연상시킨다.
잘 알려져 있다시피, 현
대적인 의미의 로켓 연구
가 시작된 것은 쥘 베른
(Jules Verne)과 H. G. 웰
스(H. G. Wells) 같은 SF
작가들의 영향을 받은
콘스탄틴 치올코프스키
(Konstantin Tsiolkovskii)
나 로버트 고더드(Robert
Goddard), 헤르만 오베르
트(Hermann Oberth) 같

1926년 3월 16일, 고더드가 역사상 최초의 액체 로켓을 발사하기 직전.

은 '몽상가'들이 우주 비행을 꿈꾸기 시작한 19세기 말~20세기 초의 일이다. 이들은 인간이 지구의 중력을 벗어나 우주로 나갈 수 있는 방법과 우주 공간에서 일어날 수 있는 상황들을 이론적으로 논의했고, 자신들의 아이디어를 적용해 실제 로켓 실험을 수행하고 특허를 출원하기도 했다. 그러나 나중에 가서 "우주 항행학의 아버지", "우주 시대의 문을 열어젖힌 인물" 같은 찬사를 받게 됨에도 불구하고, 그들은 살아생전 대부분의 기간 동안 허무맹랑하고 비과학적인 주장을 하는 인물로 동시대인들의 조롱과 질타를 받았다. 심지어 고더드 같은 인물은 언론과 대중의 '관심'으로부터 벗어나기 위해 자신의 연구 진행 과정을 철저하게 비밀로 했고 연구 결과도 거의 공표하지 않았

을 정도였다.[1]

로켓에 대한 이러한 인식이 바뀌게 된 것은 일차적으로 제2차 세계 대전 말에 독일의 V-2 로켓이 탄도 미사일의 군사적 활용 가능성을 입증했기 때문이었고, 뒤이어 냉전기에 수소 폭탄을 적국까지 실어 나르기 위한 장거리 미사일 연구가 활기를 띠었기 때문이었다. 스푸트니크 발사와 이어진 유인 우주 비행 경쟁은 바로 그러한 상황이 빚어낸 '부산물'이었다. 만약 전쟁이라는 계기가 없었다면, 미국과 소련의 우주 개발 프로그램을 진두지휘했던 베르너 폰 브라운(Wernher von Braun)이나 세르게이 코롤료프(Sergei Pavlovich Korolev) 같은 2세대 몽상가들의 꿈은 제법 오랜 기간 동안 꿈으로 그쳤을 가능성이 높다.[2] 이는 로켓에 대한 무관심과 냉소 속에서 자신들이 가진 아이디어의 실현 가능성을 보여 줄 기회를 잡지 못한 「왕립우주군」의 퇴락한 로켓 과학자들 — 현실 속의 1세대 몽상가들과 흡사하게 그려진 — 의 모습에서 엿볼 수 있다.

「왕립우주군」이 현실 세계와 겹쳐지면서 갈라지는 또 다른 지점은 유인 우주 비행을 둘러싼 사회적 논란의 묘사에서 찾을 수 있다. 영화 속에서 빈곤층과 반전 시위대는 로켓을 만드는 데 쓸 돈이 있으면 다리를 놓는 데 쓰라며 우주군 본부 앞에서 대규모 시위를 벌이

1   Paul Dickson, *Sputnik: The Shock of the Century* (New York: Walker & Company, 2001), chap. 2.

2   1950년대 초만 해도 유인 우주 비행에 대한 몽상가들의 꿈이 대대적인 정부 지원에 힘입어 실현될 거라고 믿는 사람은 많지 않았다. 1950년대 SF 영화 유행의 신호탄이 된 「달을 향하여」나 「세상이 충돌할 때」 같은 작품들에서 우주 로켓은 정부나 군의 무관심 속에서 민간 자본을 끌어들여 건조되는 것으로 묘사되고 있음에 유의하라. John Brosnan, *The Primal Screen: A History of Science Fiction Film* (London: Orbit, 1991), pp. 44-48.

고, 우주 비행사를 인터뷰하는 방송사 기자는 우주군 예산의 절반만 아껴도 3만 명의 극빈자들에게 따뜻한 방을 마련해 줄 수 있다며 군비 확충에 대한 답변을 요구한다. 이런 설정은 자연스럽게 1960년대 미국에서 아폴로 계획을 둘러싸고 진행된 논란을 떠올리게 한다. 아폴로 계획 초창기에 상당수의 저명한 과학자와 정치인들은 달에 서둘러 가야 할 하등의 이유가 없다고 주장하면서, 아폴로 계획이 고용, 의료, 교육과 같이 좀 더 가치 있는 사회적 목표에 들어가야 할 자금과 인력을 빨아들이고 있다고 비판의 목소리를 높였다.[3] 이런 반대 의사를 실제 행동으로 옮긴 사람들도 있었다. 아폴로 11호가 발사되기 전날에 민권 운동가 랠프 애버내시(Ralph Abernathy) 목사가 이끄는 흑인 시위대는 케이프 커내버럴의 발사 현장으로 찾아가 항의 시위를 벌였다. 애버내시는 미국인의 5분의 1이 제대로 된 음식, 의복, 주거, 의료 서비스조차 얻지 못하고 있는 상황에서 수백억 달러를 우주 모험에 쓰는 "기괴한 사회적 가치"를 성토했다.[4]

「왕립우주군」에서 주인공 시로츠구는 이런 요구를 애써 외면하면서 '초월적'인 경험으로서의 우주 비행을 성사시키는 데 집착한다. 우주 비행이 비루한 현실을 넘어 인류를 하나로 묶어 주는 역할을 할 수 있을 거라는 막연한 희망을 품은 것이다. 영화에서 로켓이 서로 교전 중인 두 나라의 전투기들 사이를 날아오를 때에는 그 장면이 주

3   Walter A. McDougall, . . . *The Heaven and the Earth: A Political History of the Space Age* (Mew York: Basic Books, 1985), chap. 19.

4   Gerard J. DeGroot, "US Space Policy: Big Universe, Small Planet." 〔http://www. opendemocracy.net/democracy-americanpower/space_policy_4246.jsp〕

는 아름다움과 숭고함이 일순 그런 효과를 낳는 것처럼 그려지기도 한다. 그러나 우리가 살고 있는 현실 세계는 그러한 순진한 열망을 배반한다. '인류의 거대한 도약'인 아폴로 우주선의 달 착륙이 전쟁을 끝내고 세계 평화를 앞당길 수 있을 거라던 우주 비행사들과 논평가들의 기대는 바로 그 프로젝트를 가능케 했던 이기적 동기를 감안한다면 애초부터 얼토당토않은 것이었다.[5] 그리고 아폴로를 달에 보낸 경이적인 능력을 당시 미국 사회를 괴롭히고 있던 다른 사회 문제들(빈곤, 환경 오염, 도시 슬럼화)에도 적용할 수 있으리라는 기대 역시 허망한 것으로 드러났다. 인간을 달에 보낸 것이 대단한 '공학적' 성취라는 데는 이의를 달기 어렵지만, 복잡다단한 사회 문제의 해결을 위해서는 아폴로에 쓰인 기술 관료적 방법과 공학적 능력을 훨씬 넘어서는 다른 차원의 노력들이 필요하기 때문이다.[6] 이런 냉엄한 현실은 「왕립우주군」에서 그려진 가상 세계와 그 속에 담긴 세계관에 대한 비판적인 성찰을 우리에게 요구하고 있다.

<hr>

5   위의 글.

6   McDougall, *The Heaven and the Earth*, p. 413.

냉전, 마초주의, 유인 우주 비행의 미혹(迷惑)

「**필사의 도전**(The Right Stuff)」
1983년
감독 필립 카우프만

1947년 10월 14일, 인간은 음속의 장벽을 돌파했다. 척 예거(Charles Elwood Yeager)라는 젊은 시험 조종사(test pilot)가 X-1이라는 시험용 로켓 비행기를 몰고 마하 1.05의 속도를 기록한 것이다. 국가 안보를 이유로 언론에는 보도되지 않았던 이 사건을 계기로 최고를 추구하는 젊은 시험 비행사들 사이에 '세상에서 가장 빠른 사나이' 자리를 놓고 치열한 경쟁이 시작되었다. 캘리포니아의 황량한 사막 한가운데 위치한 에드워드 공군 기지는 그러한 시험 조종사들이 모여든 '꿈의 무대'인 동시에 그들의 '무덤'이기도 했다.

1957년 10월 4일, 소련은 최초의 인공위성인 스푸트니크 1호를 쏘아 올렸다. 이는 사람 몸무게 정도 나가는 쇳덩어리가 삑삑거리는 신

"

호를 내며 지구 주위를 새로 돌게 된 '자그마한' 사건에 불과했지만, 냉전기 미국에 군사, 과학, 심리적인 측면에서 엄청난 파장을 미쳤다. 미국 상공을 통과하는 인공위성은 우주 공간으로부터의 핵 공격이 가능함을 시사했기 때문에 이에 대응하기 위한 우주 공간(심지어 달 기지)의 '선점'이 중요한 과제로 대두되었고, 소련에 '뒤떨어진' 과학 연구와 교육을 개혁하기 위한 대대적인 지원 방안이 실행에 옮겨졌다. 미국은 해군이 개발한 뱅가드 로켓의 참담한 실패를 겪은 후 1958년 1월 31일에 익스플로러 1호를 쏘아 올림으로써 체면을 세웠고, 같은 해 10월에는 유인 우주 비행 프로그램인 머큐리 계획을 발표했다.[1]

1970년대 '뉴 저널리즘(New Journalism)'의 기수였던 톰 울프(Tom Wolfe)의 동명 논픽션을 영화화한 「필사의 도전」은 얼핏 서로 연관이 없어 보이는 이 두 사건을 하나의 내러티브 속에 엮고 있다.[2] 영화는 음속을 돌파하려는 시험 조종사들의 목숨을 건 시도를 보여 주는 것으로 시작한다. 1947년에 음속 장벽을 돌파한 척 예거(샘 셰퍼드)는 경쟁자들의 도전을 뿌리치고 1953년 12월 마하 2.44라는 새로운 기록을 세운다. 여기서 장면은 1957년의 스푸트니크 충격으로 이어지고, 이듬해 발표된 머큐리 계획에 따라 까다로운 테스트를 거친 끝에 1959년 4월 이 계획을 위한 7명의 '우주 비행사'들이 선정, 발표된다. 그러나 최초의 우주 비행사가 되려는 그들의 꿈은 1961년 4월 12일,

1   토머스 D. 존스·마이클 벤슨, 채연석 옮김, 『NASA, 우주 개발의 비밀』(아라크네, 2003).

2   Tom Charity, *The Right Stuff* (London: British Film Institute, 1997), p. 15-20.

소련의 유리 가가린이 보스토크 1호를 타고 처음으로 지구 궤도에 오름으로써 무산되고 만다. 소련을 따라잡으려는 미국의 필사적인 노력은 1961년부터 1963년 사이에 7명의 우주 비행사들을 차례로 우주 공간에 올려놓음으로써 결실을 거둔다. 머큐리 계획의 절정은 1962년 2월 20일 존 글렌(John Glenn)(에드 해리스)이 우정 7호를 타고 미국 최초로 지구 궤도 비행에 성공했을 때 찾아왔다. 글렌은 미국 전체의 영웅이 되고 전무후무한 열광적 환영을 받는다. 한편 우주 비행사에 지원하지 않았던 예거는 이제 아무도 주목하지 않는 에드워드 공군 기지에서 신형기 NF-104를 타고 최고 고도 비행 기록에 도전하다 실패한다. 1963년 5월에 있었던 고든 쿠퍼(Gordon Cooper)(데니스 퀘이드)의 마지막 머큐리 비행을 보여 주면서 영화는 끝을 맺는다.

「필사의 도전」은 초기 우주 개발 계획의 배경인 동시에 추진력이었던 냉전적 맥락을 슬쩍 드러내 보인다. 과학 소설(SF)의 황금기였던 1950년대 미국에서 '우주여행'이라는 단어는 대단히 낭만적이면서도 으스스한 느낌을 주었는데, 그 이유는 이것이 핵미사일과 떼려야 뗄 수 없이 연관되어 있었기 때문이다. 사실 스푸트니크 그 자체가 제기한 당장의 군사적 위협은 거의 없었지만, 그것을 우주 공간에 쏘아 올린 추진체, 즉 로켓은 핵탄두를 미국 본토로 곧장 날려 보낼 수 있는 강력한 미사일이기도 했다. 언론은 이러한 위협을 크게 과장해 보도했고, 당시 상원 청문회에서 나왔던 표현을 빌려 이를 "기술적 차원의 진주만(technological Pearl Harbor)"이라고 불렀다. 이와 아울러 위협으로 작용했던 것은 제3세계에 대한 소련의 선전 공세였다. 소련은 우주 기술에서 뒤떨어진 미국이 신뢰할 만한 우방이 되지 못한다

일명 '머큐리 세븐'으로 불리는 7명의 우주 비행사.

고 선전하면서 냉전기의 세력 재편을 시도하고 있었다. 따라서 우주 개발에서 소련을 따라잡는 것은 '국가 안보'를 위한 것이기도 했지만, 국제 사회에서 짓밟힌 국가적 자존심을 되찾고 이른바 '자유 진영'과 '공산 진영'의 세력 균형을 유지하기 위해서도 극히 긴요한 과제였다.[3]

바로 이 때문에, 초기 우주 개발 프로그램은 미래를 내다본 장기적이고 체계적인 계획의 산물이 될 수 없었다. 그것은 일차적으로 선전 활동에서의 실패를 만회하고 우주 공간을 어떻게든 선점하기 위한 정치적 미봉책에 불과했기 때문이다.[4] 이러한 성격은 미국 최초의 유인 우주 프로그램인 머큐리 계획에서 여지없이 드러났다. 베르너 폰 브라운을 필두로 한 미 항공 우주국(National Aeronautics and Space Administration, NASA)의 개발팀은 '캡슐' 내지 '포드(pod)'에 '표본(specimen)'을 실어 우주 공간에 먼저 올려 보내기 위해 혈안이 되어 있었고, 그 '표본'이 무엇이며 어떤 역할을 해야 할지의 문제는 뒷전이었다(실제로 그들은 사람에 앞서 '햄'이라는 이름의 침팬지를 먼저 쏘아 올리기도 했다.). 이러한 NASA의 기본 방침은 시험 조종사가 주축을 이루었던 머큐리 우주 비행사들과 갈등을 빚었는데, 여기서 부분적으로나마 승자가 되었던 것은 우주 비행사들이었다. 그들은 일반 대중이 갖고 있는 유인 우주 비행의 미혹을 이용해 자신들의 능동적인 역할을 관철시켰다. (머큐리 우주 비행사들이 '버크 로저스(Buck Rogers)가 없으면 그에 따라오는 돈(Bucks)도 없다!'며 NASA 관계자들을 압박하는 장면은 이를 잘 보여 준다.) 그러나 우주 비행사들의 '반란'은 '포드'에 창문을 내고 문을 달고 수동 제어 장치를 부착하는 등 다소의 수정을 가져오긴 했지만, 그들의 역할에서 근본적인 변화는 일어나지 않았

---

3   Walter A. McDougall, . . . *The Heavens and the Earth: A Political History of the Space Age* (New York: Basic Books, 1985), chap. 6. 스푸트니크 발사 50주년을 기념해 2007년 제작된 다큐멘터리 「스푸트니크 열풍」은 냉전기의 이러한 체제 경쟁의 맥락에서 스푸트니크가 미국 사회에 던진 충격을 생생하게 보여 주고 있다.

4   Charity, 앞의 책, pp. 13-14.

다. 예거와 같은 시험 조종사들이 조롱했던 것처럼 그들은 결국 '스팸 깡통(spam in a can)'의 지위를 크게 벗어나지 못했던 것이다. 이는 정도만 다를 뿐 오늘날의 우주 비행에서도 거의 그대로 적용되는 이치다. 일반 대중이 SF를 보면서 우주 비행에 대해 품게 되는 환상과는 달리, 우주 비행사가 '자유자재로' 우주선을 몰고 다니는 일은 과거에도 없었고 가까운 미래에 일어날 가망도 없다.

아울러 「필사의 도전」은 초기 우주 비행사들의 문화적 측면에 대해 생각해 볼 수 있는 흥미로운 창을 제공한다. 원작자인 톰 울프는 머큐리 우주 비행사들을 다루는 논픽션을 쓰면서 "무엇이 그들로 하여금 기꺼이 거대한 '폭죽' 위에 올라타 퓨즈에 불을 붙이기를 기다리게 만드는가?" 하는 질문을 던졌고(초기의 로켓들은 실패율이 매우 높았음을 상기해 보라.), 어찌 보면 무모해 보이기까지 하는 이러한 '용기'의 근원을 훨씬 더 큰 위험을 감수했던 에드워드 공군 기지의 시험 조종사들에게서 찾았다. 바로 그러한 불굴의 정신 — 영화의 원제이기도 한 '올바른 자질(the right stuff)' — 이야말로 시험 조종사를 시험 조종사이게 만드는 것이며, 우주 비행사들이 '스팸 깡통'이기를 거부하고 조금이나마 더 '조종사'다운 역할을 자임하도록 만드는 것이었다는 게 울프의 결론이다.[5] 그러나 이러한 '용기'로부터 멋진 공중 장면과 신화적 재현을 걷어 내고 나면 이는 사실 군대식 마초주의가 내포하는 '남자다움'과 '허세'의 다른 표현에 불과하다.[6] 영화 속에 나타나는 머큐리 우주 비행사들과 그 부인들의 관계는 그러한 '용기'의 이면

5   위의 책.

을 극명하게 보여 준다. 이러한 인식은 오늘날 우주 개발의 원동력으로 흔히 인식되는, 저 밖의 우주 공간을 향한 끝없는 열망의 정체가 무엇이며 어디에서 기원했는지를 되새겨 볼 수 있게 해 준다.

6   머큐리 계획은 NASA가 추진한 민간(비군사) 프로그램이었음에도 7명의 우주 비행사는 모두 군 출신이었다는 점도 이와 무관하지 않을 것이다.

  ● **할리우드 사이언스**

과학과 종교,
과학과 비과학의 흐릿한 경계 07

「콘택트(Contact)」
1997년
감독 로버트 저메키스

지구 바깥의 외계에도 생명체, 그 중에서도 '지적 능력을 갖춘' 생명체가 존재할 거라는 믿음은 이미 수 세기 전부터 존재해 왔고, 이는 지난 100여 년 동안 SF 소설과 영화들에 숱한 영감을 제공했던 생각이었다. 그러나 외계 생명체에 대한 매혹이 '과학 연구'의 영역으로 진입한 것은 불과 수십 년 전의 일이었다. 그것을 가능케 한 배경에는 19세기 말 전자기파를 실험실에서 만들고 검출하는 데 성공을 거두고, 여기에 메시지를 실을 수 있는 방법이 고안되어 전파를 이용한 무선 전신이 20세기 초에 상용화되었으며, 우주 공간에서 들어오는 전파를 이용해 천체를 연구하는 전파 천문학이 1930년대부터 자리를 잡는 등 다양한 과학적·기술적 발전이 있었다. 이러한 기술적 수단의 발전에 힘입어 1960년대부터는 일군의 과학자들이 우주 공간으로부터 들어오는 전파를 분석해 외계 생명체가 보낸 메시지를 찾으려 시도하는 지적 외계 생명체 탐사(Search for Extra-Terrestrial Intelligence, SETI) 계획에 착수했다.[1] 「콘택트」는 바로 이 SETI 계획을 주된 소재로 삼고 있는 영화이다.

「콘택트」는 SETI 계획의 초기 개척자이자 열렬한 지지자 중 한 사람이었던 천문학자 칼 세이건(Carl Sagan)의 동명 소설[2]을 영화화한 것이다. 극의 중심에는 어릴 때 아버지를 여읜 후 외계에 지적 생명체가 있다는 신념("이 넓은 우주에 우리만 있다면 엄청난 공간의 낭비일 것")을 갖고 이를 찾는 것을 일생의 과업으로 여기게 된 여성 천문학자 앨리 애로웨이(조디 포스터)가 있다. 그녀는 다른 과학자들의 냉소와 자금의 압박 속에서 거대한 전파 망원경으로 외계 생명체 탐사 작업을 계속하다가 베가성(직녀성)에서 온 메시지를 발견하게 되고 그 속에 우주선의 설계도가 숨겨져 있음을 알아낸다. 결국 그녀는 우여곡절 끝에 완성된 우주선을 타고 베가성으로 가서 아버지의 모습을 한 외계인을 만나고 돌아오지만, 청문회에 출석한 사람들은 그녀의 설명을 믿지 않는다.

「콘택트」에서는 여러 가지 흥미로운 대립 항들을 찾아볼 수 있다. 그 중 가장 쉽게 눈에 띄는 것은 과학과 종교의 관계이다. 흔히 과학

---

1   SETI 계획의 간략한 역사는 David Lamb, "Communication with Extraterrestrial Intelligence: SETI and Scientific Methodology," D. Ginev and R. S. Cohen (eds.), *Issues and Images in the Philosophy of Science* (Dordrecht: Kluwer, 1997), pp. 223-251의 1절을 보라.

2   원작 소설은 원래 영화 시나리오로 구상되었던 것을 발전시킨 작품으로 1985년에 출간되었으며, 우리말로도 번역되어 있다. 칼 세이건, 이상원 옮김, 『콘택트』(사이언스북스, 2001).

SETI 계획에 쓰인 푸에르토리코의 아레시보 전파 망원경.

은 객관적이고 반복 가능한 실험적 증거와 합리적 추론에 입각한 보편적인 것이고, 종교는 직관적이고 영적이며 개인의 신비스런 체험에 근거하는 것이라는 선입견이 강하다. 이러한 대립 구도는 영화 전반부에 나오는 애로웨이와 그녀의 연인이자 신학자인 팔머 조스(매튜 매커너히)의 논쟁에서도 줄곧 드러난다. 그러나 흥미롭게도 「콘택트」는 영화 후반부의 청문회 장면에서 이른바 '오컴의 면도날(Occam's razor)' 논증을 뒤집어 보여 줌으로써 그와 같은 이분법적 대립 구도가 지나치게 단순한 것일 수 있음을 보여 준다. 즉, 과학자도 쉽게 설명할 수 없는 신비스런 체험을 자기 정당화의 근거로 주장할 수 있으며, 어떻게 보면 과학과 종교는 모두 '경이로움을 추구'한다는 점에서 같은 활동의 다른 측면으로도 볼 수 있다는 것이다. 이는 과학과 종교가 그 본성상 대립적이며, 역사적으로 대립과 투쟁의 관계를 맺어 왔다고 믿는 사람들에게 좋은 토론 거리를 제공한다.[3]

그러나 「콘택트」에는 표면적으로 드러난 과학-종교 관계보다 더 흥미로운 논점이 숨어 있다. 그것은 SETI 계획 그 자체의 과학적 위상과 관련이 있다. 영화의 전반부에서 우리는 SETI 계획의 '과학성'을 놓고 애로웨이와 미 국립 과학 재단(National Science Foundation, NSF) 이사장인 데이비드 드럼린(톰 스케릿)이 갈등을 빚는 장면을 볼 수 있다. 두말할 것 없이 애로웨이는 SETI 계획이 획기적인 결과를 얻어 낼 수 있는 '순수' 연구라며 옹호하는 입장이다. 반면 좀 더 실제적인 경향의 드럼린은 SETI처럼 헛된 망상을 쫓는 연구에 납세자의 세금을 낭비할 수 없으며, 그런 연구는 과학자로서의 경력에도 전혀 보탬이 안 된다는 생각을 가진 것으로 그려진다. 여기서 영화는 애로웨이의 편을 들어 SETI가 가치 있는 과학 연구라는 입장을 옹호하면서, 이에 동조하지 않는 드럼린을 상상력이 결핍되어 있고 심지어 기회주의적이기까지 한 인물로 그리고 있다.

그러나 과연 그런가? 이는 영화 밖 세상으로 돌아와 조금 생각해 보아야 하는 문제다. 물론 SETI 계획의 주창자들이 초기부터 UFO 신봉자들과 같이 흔히 '사이비 과학'으로 간주되는 집단과 거리를 두기 위해 노력했고, 방법론에 있어서도 외계로부터 수신되는 모든 전파 신호를 일차적으로는 자연적인 것이라고 보는 철저한 회의적 태도

3   문선영, 「SF 영화 새롭게 사고하기 ― 「콘택트」, 그 복잡한 개념 탐험」, 《문화 과학》 16호(1998년 겨울), 248-260.

를 견지해 온 것은 사실이다. 이런 점에서 SETI는 분명 '과학'으로서의 외양을 갖고 있다고 하겠다. 그러나 애로웨이와 드럼린의 대립 구도에서 일방적으로 전자의 편을 드는 영화의 설정은 SETI 계획의 열렬한 지지자였던 칼 세이건의 입장을 상당 부분 반영하고 있는 것인만큼 이를 곧이곧대로 받아들이는 것도 곤란한 일이다.

사실 SETI 계획은 그것이 제기되었던 초기부터 끊임없이 논쟁을 야기해 왔으며, 수십 년에 걸친 탐사가 잇따라 실패로 돌아가면서 논쟁은 더욱 커져 왔다. SETI 지지자들이 공통적으로 받아들이고 있는 드레이크 방정식(Drake equation)에 대한 논란[4]이 그러한 한 가지

4　드레이크 방정식은 SETI 계획의 초기 주창자 중 한 사람인 프랭크 드레이크(Frank Drake)가 1961년에 제안한 것으로 다음과 같은 형태를 갖고 있다.

$N = R^* \times f_p \times n_e \times f_l \times f_i \times f_c \times L$

N = 은하계 내에서 다른 태양계와 교신을 할 수 있을 정도로 기술적으로 진보된 문명의 수

R^* = 매년 은하계 내에서 새로 생성되는 별의 수

f_p = 행성을 가진 별의 비율

n_e = 별이 가지고 있는 행성 중 생명체를 지탱할 수 있는 것의 평균 개수

f_l = 그 중 실제로 생명이 존재하는 행성의 비율

f_i = 지적 생명체가 진화한 행성의 비율

f_c = 외계로 교신을 시도할 수단과 의지를 지닌 지적 생명체가 거주하는 행성의 비율

L = 이러한 기술 문명의 평균 수명

이 식의 우변에 있는 모든 변수가 사실상 논란의 대상이지만, 특히 f_l, f_i, f_c, L을 대략이라도 추측할 수 있는지 여부가 그 핵심이다. SETI의 옹호자들은 생명체를 지탱할 수 있는 환경을 가진 행성이 존재하기만 하면 지능을 가지고 외계로 교신을 시도할 기술 문명의 등장은 거의 필연적이라고 본다(그래서 그들은 보통 f_l, f_i, f_c 값을 모두 1로 놓는다.). 반면 SETI의 비판자들은 생명의 기원이나 '지능'의 개념에 관해 과학자들 간에 분명한 합의조차 존재하지 않는 상황에서 이런 값들을 추측하는 것은 전혀 의미가 없다고 생각한다. L에 대해서도 마찬가지인데, 이 값의 추정치는 100년에서 수백만 년에 이르기까지 극히 다양하게 나타나며, 아무런 이론적·경험적 근거가 없으므로 추정 자체가 무의미하다고 보는 시각도 있다.

예이다. 잘 알려진 바와 같이, 드레이크 방정식은 지능을 갖고 전파를 통한 의사소통을 시도하는 외계 문명의 수를 계산하기 위해 고안된 것이다. 이 방정식에 대한 평가는 SETI를 바라보는 입장에 따라 극단적으로 갈리는데, 호의적인 입장에서는 이것이 앞으로 더욱 정교해질 가능성을 내포한 훌륭한 추단법적 지침(heuristic guide)이라고 생각하는 반면, 비판적인 입장에서는 이것이 현재의 불확실한 이론들 위에서 추측에 추측을 거듭해 사실상 의미를 상실한 말장난에 불과하다고 본다.[5] 이러한 논쟁은 과연 SETI를 과학의 영역 안에 두어야 하는지, 또 SETI가 많은 예산을 들여 추구할 만한 가치가 있는 연구인지 하는 문제와 밀접히 연관되어 있다.

SETI의 과학성 여부를 둘러싼 논란을 보면서, 우리는 'SETI가 과연 과학인가, 아니면 SF인가.' 하는 질문에 단정적인 판단을 내리기에 앞서 과학-비과학의 경계에 대해 다시 생각해 보게 된다. 여기서 과학과 비과학을 가르는 어떤 '본질적' 기준은 존재하지 않으며, 이 둘을 나누는 경계는 끊임없는 경계 설정 작업(boundary-work)이 우연적·일시적으로 고착되어 나타난 결과에 불과하다는 사회학자 토머스 기어린(Thomas Gieryn)의 지적을 떠올려 보면 좋을 듯싶다.[6] 기어린은 그러한 경계 설정 작업이 동시대의 사회적·문화적·제도적 요인들에 의해 영향을 받으며, 따라서 과학-비과학의 경계는 고정되어 있지 않

---

5   드레이크 방정식에 관한 논란은 Lamb, 앞의 글 참조. 이 방정식에 호의적인 입장은 박석재, 「외계생명체」, 이인식 엮음, 『현대 과학의 쟁점』(김영사, 2001), pp. 61-74를, 비판적인 입장은 A. K. 듀드니, 이상빈 옮김, 『위대한 과학의 멍청한 과학자』(일공일공일, 2000), pp. 94-116을 각각 보기 바란다.

6   Thomas Gieryn, "Boundaries of Science," S. Jasanoff et al. (eds.), *Handbook of Science and Technology Studies* (London: Sage, 1995), pp. 393-443.

고 지속적으로 유연하게 변화한다고 보았다. 결국 「콘택트」는 애로웨이와 드럼린의 대립 구도를 통해 과학-비과학의 경계가 흔히 생각되는 것처럼 분명치 않다는, 애초에 의도하지 않은 결론을 끌어내고 있는 셈이다.

과학의 역사성이 지닌 무게 08

「**명왕성 파일(The Pluto Files)**」
2010년
감독 테리 랜달

많은 사람들은 과학을 특별한 지식 체계이자 활동으로 여긴다. 이처럼 높은 평가의 배경에는 과학이 다른 모든 지식 체계들에 비해 월등히 믿을 만한 지식을 제공한다는 믿음이 깔려 있다. 그러나 과학이 믿을 만한 지식을 제공한다는 것이 과학이 곧 만고불변의 진리임을 의미하는 것은 아니다. 오히려 정반대다. 과학은 모든 지식 체계를 통틀어 가장 변화무쌍한 활동이다. 과학 교과서에 실리는 '진리'는 수시로 교체되고, 이 과정에서 어제의 진리는 한순간에 오류로 치부되어 쓰레기통에 버려진다. 사실 과학자들은 이러한 변화무쌍함이야말로 과학에서 가장 흥분을 자아내는 점들 중 하나라고 믿고 있기도 하다.[1] 그렇다면 여기서 나타나는 일견 모순적인 상황 — 즉 과학은 가장 믿을 만한 지식인 동시에 가장 변덕스러운 지식이기도 하다는—을 어떻게 이해해야 할까?

미국 PBS 방송의 과학 다큐멘터리 시리즈 NOVA에서 2010년에 방영한 「명왕성 파일」은 이 문제와 관련해 음미할 대목이 많은 흥미로운 작품이다. 이 다큐멘터리는 미국의 천체 물리학자 닐 디그래스 타이슨(Neil deGrasse Tyson, 미국 자연사 박물관 부설 헤이든 천문관 관장이기도 한)의 베스트셀러 책[2]을 기반으로 명왕성의 행성 지위를 둘러싼 논쟁의 역사를 유머러스하게 다루고 있다. 잘 알려진 것처럼, 명왕성은 1930년에 미국의 천문학자 클라이드 톰보(Clyde Tombaugh)에 의해 발견되어 태양계를 구성하는 아홉 번째 행성으로 인정을 받았다. (아마 대부분의 사람들이 초등학교에서 수금지화목토천해명……으로 이어지는 행성 목록을 암기한 기억들을 어렴풋이 갖고 있을 것이다.) 특히 이는 미국인이 발견한 유일한 행성으로서 미국 국민들 사이에 자부심을 고취시키고 높은 대중적 인기를 누렸다(월트 디즈니가 1930년대에 새롭게 선보여 크게 인기를 끌었던 '플루토'라는 캐릭터는 명왕성이 대중문화에 미친 영향을 잘 보여 준다.).

그러나 명왕성은 크기가 매우 작고 공전 궤도가 특이해 태양계의 다른 천체들과 묶어 분류하기가 어렵다는 점에서 진작부터 논란의 대상이 되어 왔다. 최근 들어 망원경과 카메라의 성능이 좋아져 명왕

1   Steven Yearley, *Making Sense of Science: Understanding the Social Study of Science* (London: Sage, 2005), pp. 1-2.

2   Neil deGrasse Tyson, *The Pluto Files: The Rise and Fall of America's Favorite Planet* (New York: W.W. Norton & Co., 2009).

2006년 IAU 총회에서 표결을 통해 명왕성의 지위가 박탈된 순간.

성과 그 주위 천체들에 관한 새로운 정보가 얻어지면서 논란은 더욱 커졌고, 급기야 1992년 명왕성 궤도 바깥에 이른바 카이퍼대(kuiper belt)라 불리는, 태양 주위를 도는 소천체들의 집단이 발견되고 2005년 카이퍼대에서 명왕성보다 큰 천체가 발견된 이후 태양계의 아홉 번째이자 마지막 행성이라는 명왕성의 지위는 심각하게 위협 받기에 이른다. 결국 2006년 국제 천문학회(International Astronomical Union, IAU)는 표결을 거쳐 명왕성을 포함해 새롭게 발견된 카이퍼대의 몇몇 천체들을 왜행성(dwarf planet)으로 '강등'한다 — 따라서 태양계의 행성은 모두 8개뿐이다. — 는 결정을 내림으로써 이러한 논란에 종지부를 찍었지만, 그 후 일부 과학자들이 이런 결정에 반발해 집단행동에 나서고 언론과 일반 대중도 여기 합세하면서 명왕성의 지위를 둘러싼 논란은 꺼지지 않고 있다.

이 다큐멘터리에서 가장 흥미로운 장면 가운데 하나는 명왕성 지키기(?) 운동에 나선 일반인들이 명왕성의 행성 지위를 박탈한 IAU의 2006년 표결에 항의하는 대목이다. 지역에 있는 식당에서 IAU 결정을 지지하는 입장의 과학자 타이슨을 만난 한 여성은 "거수를 해서 과학적 사실이나 정의를 바꿀 수는 없다."며 "당신도 과학자인데, 언제부터 과학적 사실을 투표를 해서 정했냐."며 오히려 역공을 펼친다. 이는 '과학 전쟁(Science Wars)'이 한창이던 1995년에 과학의 민주화의 가능성과 의미를 둘러싸고 전개된 논쟁을 묘한 방식으로 떠올리게 한다. 당시 『고등 미신(*Higher Superstition*)』이라는 책을 써서 과학 지식 사회학을 비롯한 이른바 '포스트모던' 학문들을 공박했던 수학자 노먼 레빗(Normal Levitt)과 생물학자 폴 그로스(Paul Gross)는 "과학은 민주주의가 아니"며, "과학 이론을 결정하는 것을 국민투표를 통해 할 수는 없"으므로 과학의 민주화는 말이 되지 않는다는 주장을 펼쳤다.[3] 그러나 과학의 진리는 머릿수로 결정하는 것이 아니라는 그들의 주장은 명왕성의 행성 지위 논란에서 오히려 과학계 내부로부터 보기 좋게 뒤집혔고, 과학의 진리가 만고불변이며 몰역사적이라는 주장에 익숙해진 일반인들에 의해 오히려 면박을 당하는 '굴욕'을 경험하게 되었다.

비과학자가 과학자를 앞에 두고 충분히 과학적이지 못하다며 공격하는 이러한 '공수 위치의 역전'이 일어난 이유는 부분적으로 과학자들이 일반 대중을 상대로 퍼뜨린 잘못된 과학관에 그 뿌리를 두고

3 Norman Levitt and Paul R. Gross, "The Perils of Democratizing Science," *The Chronicle of Higher Education* (5 October 5 1994), B1–B2.

있다. 과학자들은 과학의 지위를 드높이고 이를 통해 과학에 돌아가는 사회적 자원을 늘리려는 생각에서, 과학에 내재한 불확실성보다는 과학의 위대한 성취가 밝혀낸 불멸의 진리를 강조하는 경향을 띤다. 그러나 불행하게도 이러한 주장 속에는 과학 또한 결국 인간이 하는 일이며 역사성과 사회성을 갖는 활동이라는 어찌 보면 자명한 인식이 빠져 있고, 그런 주장을 반복적으로 주입 받은 일반인들은 과학의 내부 작동 방식에 대한 잘못된 인상과 (현존하는) 과학이 가질 수 있는 힘에 대한 과도한 기대를 갖게 된다. 그러한 대중이 보기에 '명왕성은 행성인가 아닌가'나 '대체 행성이란 무엇인가'처럼 일견 '간단한' 문제에 대해서도 합의에 도달하지 못하는 과학계는 무능한 존재로 비치게 되며, 그들이 이 문제와 관련해 결론에 도달한 방식(다수결)은 더욱 미심쩍게 보일 수밖에 없다.[4] 결국 과학자들의 자기선전이 마치 부메랑처럼 되돌아와 과학의 뒤통수를 친 결과가 명왕성을 둘러싼 대중 논쟁의 근저에 자리 잡고 있는 것이다.

다시 처음으로 돌아가 과학의 믿을 만함과 변화무쌍함이 제기하는 모순을 생각해 보면, 이를 해결할 수 있는 가장 좋은 방법은 과학의 역사성을 인정하는 것이다. 이는 곧 현재의 과학이 완전한 지식이 아님을 인정하는 것과 서로 통하며, 때로는 과학계 내부에 서로 양립할 수 없는 견해들이 사이좋게 공존할 수 있음을 인정하는 것이기도 하다. (다큐멘터리 말미에 서로 논쟁하던 학자들이 잠정적으로 화해하는 모습은 이를 잘 보여 준다.) 아울러 그러한 역사성이 새로운 발견에 의해

4 　해리 콜린즈·스티븐 셰핀, 「실험, 과학 교육, 그리고 새로운 과학사·과학사회학」, 《시민과학》 46호 (2003년 5/6월호), pp. 29-39.

손쉽게 무위로 돌려지는 것이 아님을 인식하는 것도 중요하다. 돌이켜 보면, 명왕성이 행성인가 아닌가 하는 문제가 꼬이게 된 이유는 애초에 행성의 정의 자체가 고대 그리스 시절인 BC 6세기에 마련된 것이어서 관측 능력이 비약적으로 향상되고 태양계에 대해 훨씬 더 많은 사실을 알게 된 현재의 상황과 맞지 않기 때문이었다. 그러나 이러한 상황을 타개하기 위해 제안된 행성의 정의는 계속해서 수정되고 재정의 되고 거부되는 수난을 겪었다. 이는 IAU 총회 직후 수백 명의 행성 천문학자들이 명왕성을 행성의 반열에서 축출한 새로운 행성의 정의를 명시적으로 거부하고 나섰다는 사실이나(그들 중 일부는 차라리 명왕성을 포함한 여러 개의 천체들을 행성 목록에 계속 추가하는 편을 선호했다.), 명왕성을 '왜행성'으로 분류하는 데 동의하는 경우에도 왜행성을 행성의 하위 범주로 볼 것인지 아니면 아예 다른 종류의 천체로 볼 것인지에 대해 천문학자들의 견해가 갈리고 있는 데서도 드러난다.[5] 그처럼 수백 년, 수천 년 동안 쌓여 온 역사의 무게는 간단하게 제거되지 않고 계속해서 현재의 과학 활동에 기나긴 그림자를 드리우고 있는 것이다.

5   Jenny Hogan, "Pluto: The Backlash Begins," *Nature* 442 (31 August 2006): 965–966; Govert Schilling, "Underworld Character Kicked Out of Planetary Family," *Science* 313 (1 September 2006): 1214–1215.

'순결'한 기술,
'오염'된 사회

「누가 전기 자동차를 죽였나(Who Killed the Electric Car)」
2006년
감독 크리스 페인

기술의 발전과 그것이 사회에 미치는 영향에 대해 우리는 일종의 고정 관념을 갖고 있다. 이전보다 더 좋은 새로운 기술이 어디에선가 차례로 등장해 이전의 낡은 기술을 대체해 가며, 이렇게 등장한 새로운 기술은 사회에 영향을 미쳐 더 살기 좋은 곳으로 — 보는 관점에 따라서는 더 살기 팍팍한 곳으로 — 만들어 간다는 생각이 그것이다. 기술 사회학자들은 이런 식의 사고방식을 정식화해 기술 결정론(technological determinism)이라는 이름을 붙였다. 기술을 자체적인 궤적을 따르는 일종의 '자율적' 실체로 상정하고 그것이 사회에 일방적인 영향을 미친다고 보는 이론이다. 그러나 1980년대 이후 기술 사회학자들은 기술 결정론에 반기를 들고 기술의 사회적 형성(social shaping of technology)이라고 통칭되는 새로운 접근법을 모색하기 시작했다. 이에 따르면 기술은 결코 일종의 독립 변수가 아니며, 오히려 사회로부터 다양한 정치적, 경제적, 문화적, 이데올로기적 영향을 받으며 발전하는 존재로 그려진다.[1] 지난 30년 동안 기술 사회학자들은 이러한 새로운 이해 틀을 뒷받침하는 숱한 사례 연구들을 책, 논문, 기사 등의 형태로 양산해 왔다.

1990년대 이후 미국 캘리포니아 주에서 양산형 전기 자동차들이 새롭게 등장했다가 사라진 과정을 추적하는 다큐멘터리 「누가 전기 자동차를 죽였나」는 그러한 사례 연구들 중 하나로 당장 집어넣어도 될 만큼 흥미로운 내용을 담고 있다. 사건의 발단은 미국 캘리포니아 주의 대기 오염 규제를 담당하는 정부 기관인 캘리포니아 대기 자원 위원회(California Air Resource Board, CARB)가 1990년에 무 배기가스 자동차 법령(Zero Emission Vehicle mandate)을 제정한 데서 시작한다. 이는 캘리포니아 주의 대기 질 향상을 위해 이곳에서 자동차를 만들어 판매하는 모든 회사들이 배기가스를 전혀 내뿜지 않는 자동차를 일정 비율 이상 만들어 팔아야 한다고 규정하고 있었다. 이 법령에 따르면 캘리포니아 주에서 판매되는 자동차 중 1998년까지 2퍼센트, 2001년까지 5퍼센트, 2003년까지 10퍼센트가 무 배기가스 자동차가 되어야 했다. 이 법령은 캘리포니아 주뿐만 아니라 미국 전역, 더 나아가 전 세계에서 전기 자동차에 대한 열풍을 몰고 왔고, 1990년대 중

---

1   Donald MacKenzie and Judy Wajcman (eds.), *The Social Shaping of Technology*, 2nd ed. (Buckingham: Open University Press, 1999). 이 책에 실린 논문들 중 일부는 송성수 엮음, 『우리에게 기술이란 무엇인가』(녹두, 1995)에 수록돼 있다.

반 이후 자동차 회사
들은 제너럴 모터스
(GM)의 EV1을 시발
점으로 해서 양산형
전기 자동차 모델을
속속 시장에 내놓았
다. 그러나 무 배기가
스 자동차 법령을 좋

아하지 않았던 석유 회사와 자동차 회사들은 계속해서 CARB에 법령의 완화를 압박했고, 2001년 친기업적인 부시 행정부가 들어서면서 2003년에 이 법령은 폐기되기에 이른다.[2] 법령이 폐기된 후 전기 자동차 사용자들은 이미 시장에 나왔던 전기 자동차를 회수해 폐기하려는 자동차 회사들의 편집증적 강박에 맞서 전기 자동차 살리기 운동을 전개하지만 결국에는 (일시적인) 패배를 맛본다.[3]

작품의 내용은 기술의 사회적 형성의 고전적 사례 연구들을 곧바로 연상시킨다. GM이 개발한 전기 자동차 EV1은 마치 1930년대의 가스냉장고나 1950년대의 기록 재생(recording playback, RP) 공작 기계처럼 경쟁 기술에 밀려 표준이 되지 못하고 시장에서 자취를 감추

2　무 배기가스 자동차 법령을 둘러싼 초기의 논쟁에 대한 서술은 Mark B. Brown, "The Civic Sha-ping of Technology: California's Electric Vehicle Program," *Science, Technology, and Human Values*, 26:1(2001): 56-81에서도 찾아볼 수 있다.

3　2011년에 이 작품의 속편 격으로 만들어진 다큐멘터리 「전기 자동차의 복수」는 「누가 전기 자동차를 죽였나」에서 '악역'을 맡았던 자동차 회사들이 과거의 잘못을 반성하고 2008년 금융 위기의 어려움 속에서 전기 자동차 시장을 창출하기 위해 악전고투하는 과정을 담고 있다.

었다. 여기서 주목할 점은 그 이유가 '기술적'인 것이 아니라 '사회적'인 데 있었다는 것이다. 전기냉장고에 비해 기술적으로 뒤떨어지지 않았지만 자본 규모와 광고에서 열세였던 가스냉장고나 노동자에게 더 많은 역할과 권한을 부여하기를 꺼리는 자본가들의 강박 관념 때문에 수치 제어(numerical control, NC) 공작 기계에 밀렸던 RP 공작 기계가 그랬듯, 전기 자동차는 가솔린 자동차보다 기술적으로 뒤떨어졌기 때문이 아니라 석유 회사와 자동차 회사의 로비와 압력, 그리고 여기 동조하고 굴복한 정부 기구 탓에 시장에서 퇴출되었다. 여기에 더해 자동차는 가족 모두를 실을 만큼 크고 안락해야 하며 한번 주유(내지 충전)하면 수백 마일을 달릴 수 있어야 한다는 기존의 강고한 이데올로기도 전기 자동차의 실패에 기여했다. 이렇게 보면 「누가 전기 자동차를 죽였나」는 주어진 기술이 다양한 사회적 요인들(정치적, 경제적, 이데올로기적, 문화적)의 영향을 받아 성패가 결정된 거의 교과서적인 사례로 보인다.

그러나 일견 설득력이 있어 보이는 이런 설명은 조금 자세히 들여다보면 썩 만족스럽지 못하다. 우선 이런 설명이 기술과 사회를 선명하게 구분되는 실체로 보고 있다는 점부터 그렇다. 「누가 전기 자동차를 죽였나」의 후반부는 전기 자동차가 실패한 이유를 고찰하면서 마치 살인 사건에 대한 범인을 찾기 위해 '용의자'들(소비자, 배터리, 석유 회사, 자동차 회사, CARB, 연방 정부, 수소 연료 전지 등)을 하나씩 심문하는 것 같은 구성을 취하고 있는데, 흥미롭게도 이 모든 용의자들 중에서 배터리만 '무죄'로 방면하고 다른 모든 용의자들에 대해 '유죄'를 선고하고 있다. 이는 마치 배터리를 포함한 전기 자동차 기술

EV1

그 자체에는 아무런 문제도 없는데 그것을 둘러싼 사회가 왜곡되어 있어 그러한 기술의 잠재력을 온전히 받아들이지 못한 것 같은 인상을 준다.[4] 하지만 '순결한' 기술과 '오염된' 사회를 대비시키는 이러한 이해는 기술과 사회의 경계를 분명하게 획정하기 어렵다는 점에서 정확하지도 않고, 기술 그 자체에 면죄부를 주고 책임을 죄다 사회에 뒤집어씌운다는 점에서 오히려 기술 결정론으로의 회귀로 이어질 수 있어 바람직하지도 않다. 아마도 이보다 좀 더 나은 설명은 이 에피소드를 기술적 요소와 사회적 요소가 '이음새 없는 그물(seamless web)'을 이루고 있는 가솔린 자동차 시스템(혹은 네트워크)과 전기 자동차 시스템(혹은 네트워크) 사이의 경쟁으로 그려 내는 것일 터이다. 결국 전기 자동차의 기술적 한계(배터리)와 경제적 한계(가격)는 자동차란 어떠한 인공물이어야 하고 소비자/시민은 어떠한 생각을 가진 사람들인가에 대한 지배적 이데올로기로부터 분리해 생각할 수 없으며, 가솔린 자동차의 거대한 시스템 역시 그것의 기술적 요소를 제도적, 조직적 요소들과 따로 떼어내어 생각하는 것이 무의미하니 말이다.

이와 관련해 생각해 볼 점은 전기 자동차의 미래에 관한 전망이다. 다큐멘터리에서는 우수한 기술의 잠재력을 가로막고 있는 사회적 '걸림돌'만 제거하면 전기 자동차는 결국 미래의 자동차로 각광받게 될 것이라고 암암리에 가정하는 듯하다. 그러나 20세기 초부터 전기 자동차와 가솔린 자동차가 벌여 온 표준 경쟁의 역사를 돌이켜 보면 이

4 　물론 수소 연료 전지도 유죄 판결을 받았지만, 이는 그 자체가 유죄라기보다는 (불순한 의도를 가지고) 그처럼 한계가 많은 기술의 잠재력을 과장해서 선전한 자동차 회사나 정부에 문제가 있었다는 진술에 가까워 보인다.

러한 낙관을 선뜻 받아들이기는 쉽지 않다. 앞서 지적했듯 자동차는 따로 떨어진 별도의 인공물로서가 아니라 하나의 시스템(내지 네트워크)으로 존재하며, 일단 표준이 되어 사회에 단단히 뿌리내린 이러한 시스템은 경로 의존성(path dependence)과 고착(lock-in)을 그 특징으로 갖게 되기 때문이다. 전기 자동차의 역사를 연구해 온 기술사학자 데이비드 커쉬(David Kirsch)는 20세기 초에 가솔린 자동차에 밀려난 후 지난 100년 동안 여러 차례 실패를 거듭한 전기 자동차가 이러한 '역사의 무게'를 딛고 넘어서는 일이 그리 쉽지만은 않을 것으로 전망하고 있다. 이 때문에 커쉬는 순수 전기 자동차보다는 기존 가솔린 자동차의 하부 구조를 그대로 활용하면서 전기 자동차의 장점도 살린 하이브리드 자동차나 거기에 더해 가정용 전원으로 충전도 가능하게 만든 플러그인 하이브리드 자동차가 도로 교통의 미래에서 현실적인 지향점이라고 본다.[5] 이러한 입장은 다소 보수적인 것처럼 비칠 수도 하지만, (전기 자동차) 기술이 현재의 자동차와 관련된 문제들을 모두 해결해 줄 만병통치약인 양 제시하는 낙관적 견해를 덥석 받아들기 전에 생각해 볼 점을 던져 주고 있는 것만큼은 분명하다.

---

5   David Kirsch, "Plug-in Hybrid Car Extends Technology," *Philadelphia Inquirer* (August 7, 2006) [http://articles.philly.com/2006-08-07/news/25396426_1_plug-in-hybrid-lexus-hybrids-electric-car]; David Kirsch, "A Battery-Powered Car Run Down," *Science* 314 (October 20, 2006); Robert Bryce, "Author David A. Kirsch On The Past—And Future—Of Electric Cars," *Energy Tribune* (April 24, 2009) [http://www.energytribune.com/1959/Author-David-A-Kirsch-On-The-Past-And-Future-Of-Electric-Cars].

석유:
"모든 것은 연결되어 있다."

「시리아나(Syriana)」
2005년
감독 스티븐 개건

최근 십수년 동안 국제 유가는 크게 올랐다. 한때 정말 천지개벽이라도 해야 도래할 것 같았던 배럴당 100달러 시대가 이제는 익숙한 일상의 풍경이 된 것이다(21세기에 접어든 시점부터 따지면 15년이 채 못 되는 기간 동안 유가는 10배 이상 폭등했다.). 그러나 불과 얼마 전까지만 해도 언론에서 '심리적 마지노선'이라고 떠들어 댔던 배럴당 100달러 시대가 진즉에 도래했는데도 사람들의 반응은 의외로 심드렁하다. 주유소에 한 번 갈 때마다 지갑에서 뭉칫돈이 빠져나가는 것을 보면서 불평을 토로하긴 하지만, 그런 문제의식은 정유 회사들의 횡포나 정치권의 유류세 인하 논의 같은 쟁점으로 흡수되어 버리기 일쑤이다. 이런 분위기 속에서는 과연 유가 급등의 진정한 원인이 무엇인지, 현재와 같은 석유 경제는 언제까지 지탱 가능할 것인지 같은 좀 더 근본적인 문제를 성찰해 볼 기회가 좀처럼 생기기 어렵다.

미국 정부, 석유 산업, 그리고 중동의 한 가상 국가(사우디아라비아를 강하게 연상시키는)의 관계를 다룬 정치 스릴러인 「시리아나」는 우리가 일상 속에서 간과하기 쉬운 전 지구적 석유 경제의 실상과 그 영향을 정교하게 그려 내고 있어 눈길을 끈다. 한 영화 평론가가 "평론이 아닌 해설을 요하"는 영화라고 평했을 정도로[1] 초반에 종잡을 수 없이 전개되는 영화의 각본은 서로 직접적으로는 거의 만나지 않는 네 가닥의 플롯으로 구성되어 있다.[2] 미국의 거대 석유 회사인 코넥스는 페르시아 만의 천연가스 채굴권을 중국 회사에 빼앗기자 카자흐스탄의 석유 채굴권을 따낸 소규모 회사인 킬린과의 합병을 통해 이를 만회하려 한다. 그러나 이 합병 계약은 미 법무부의 반독점 조사를 받게 되고, 변호사 베넷 홀리데이(제프리 라이트)는 킬린과 카자흐스탄 정부 간의 계약 과정에서 부정이 개입했는지 조사를 맡는다. CIA(미국 중앙 정보부)는 중동 주재 공작관인 밥 반즈(조지 클루니)를 이용해 천연가스 채굴권을 중국 회사에 넘겨주는 데 결정적인 역할을 한 중동 산유국의 나시르 왕자(알렉산더 시디그)를 제거하려다 실

[1] http://www.cine21.com/movie/info/movie_id/18552의 '전문가 리뷰' 참조.

[2] 이 영화는 흔히 CIA의 중동 주재 전(前) 공작관 로버트 베어(Robert Baer)의 논픽션 *See No Evil* (New York: Crown, 2001)에 기반한 것으로 알려져 있으나, 각본과 감독을 맡은 스티븐 개건은 이 책에서 등장인물(베어 그 자신)만을 취했을 뿐, 영화의 줄거리는 대부분 베어의 유럽 여행에 동행해 직접 취재한 내용을 바탕으로 해서 만들었다. Josh Tyrangiel, "So, You Ever Kill Anybody?" *Time* (November 21, 2005): 132–135. 영화의 내용은 오히려 베어의 후속 저작인 *Sleeping with the Devil* (New York: Crown, 2003)과 더 많은 연관성을 갖고 있는데, 이 책은 국내에 곽인찬 옮김, 『악마와의 동침』(중심, 2004)으로 번역, 출간되었다.

패한 후 반즈를 버린다. 스위스에서 근무하는 에너지 분석가인 브라이언 우드먼(맷 데이먼)은 나시르 왕자의 지중해 별장에 초대 받아 갔다가 아들이 사고로 죽은 후 나시르 왕자의 개혁을 뒷받침하는 개인 고문으로 고용된다. 파키스탄 출신의 이민 노동자인 와심(마자르 무니르)은 코넥스와 킬린의 합병 여파로 일자리를 잃은 후 인근의 근본주의 이슬람 사원으로 흘러 들어가 자살 폭탄 테러범으로 훈련 받는다.

「시리아나」는 영화의 설정 그 자체에 이미 오늘날의 전 지구적 석유 경제에 관한 많은 정보를 담고 있다. 우선 영화가 시작되자마자 코넥스-킬린 두 석유 회사의 합병 문제가 제기되는 것부터가 상당히 의미심장하다. 1990년대 말에 석유 업계에 실제로 불었던 대대적인 합병 러시를 연상시키기 때문이다. 당시 엑손은 모빌과 합병해 세계 최대의 석유 회사인 엑손모빌을 탄생시켰고, 셰브론은 텍사코와, 코노코는 필립스와 각각 합치고 브리티시페트롤리엄(BP)은 아모코-아르코를 사들여 회사의 덩치를 불렸는데, 이러한 합병, 매수, 다운사이징의 물결은 석유 정점(oil peak)[3] 도달 우려에 따른 구조 조정의 일환이

---

[3] 석유 자원의 '고갈'이 야기하는 문제는 현재 매장된 석유를 한 방울도 남기지 않고 다 써 버리는 순간에 도래하는 것이 아니라 전체 매장량의 절반가량을 소비해 종(鐘) 모양 곡선의 정점을 넘어서는 순간부터 나타나기 시작한다. 특정 유전에 매장된 석유를 뽑아내 보면 처음에는 석유가 자체 압력으로 뿜어져 나와 채굴 비용이 저렴하지만, 시간이 갈수록 물이나 이산화탄소를 집어넣어 석유를 쥐어 짜내야 하기 때문에 비용은 상승하고 산출량은 감소한다. 이런 원리는 특정 지역 전체, 더 나아가 세계 전체의 석유 채굴에도 유사하게 적용될 수 있다. 따라서 전 세계적으로 석유 정점을 넘어서게 되면 늘어나고 있는 수요를 공급이 쫓아가지 못해 석유 가격이 폭등함으로써 엄청난 정치 경제적 파장이 나타날 수 있다. 석유 정점 이론가들은 1950년대에 미국의 지구 물리학자인 매리언 킹 허버트(Marion King Hubbert)가 개척한 방법론을 변형해 석유 정점이 2010년을 전후해 도래할 것으로 예측해 왔으며, 그보다 먼저 정점을 지났다고 믿는 학자들도 있다. 석유 정점을 둘러싼 논쟁은 박진희, 「석유 시대는 종말을 고할 것인가」, 《시민과학》 65호(2007년 3/4월): 24-28을 참조하라.

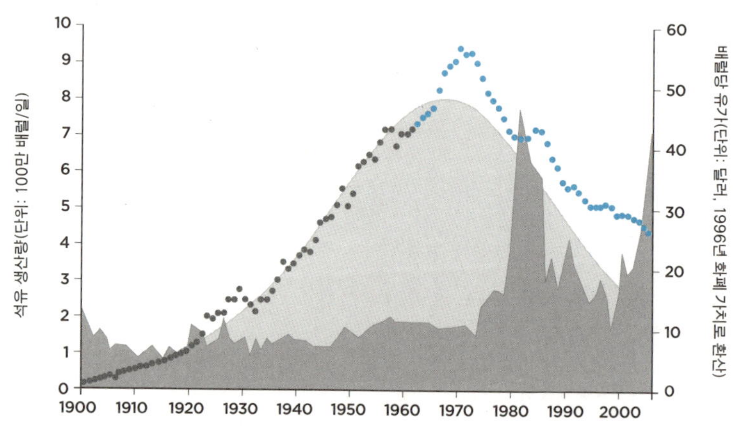

미국의 지구 물리학자 매리언 킹 허버트(Marion King Hubbert)가 예측한 미국의 석유 정점을 나타내는 종 모양 곡선.

었다는 것이 일각의 평가다. 일례로 1999년 8월에 발간된 「골드만삭스 보고서」는 "이런 거대한 합병의 열풍은, 통상적으로 전 세계 석유의 90퍼센트가 이미 발견되었다는 사실을 인식하고 서서히 사멸하는 산업의 규모를 축소한 것에 지나지 않는다."고 평한 바 있다.[4]

영화 전반에 걸쳐 묘사되는 CIA의 중동 개입 역시 흥미로운 대목이다. 미국의 석유 회사들은 이미 1930년대부터 중동에서 석유 이권에 개입하기 시작했고, 1945년 2월 루즈벨트 대통령과 사우디아라비아의 이븐사우드 국왕의 회담은 미국과 사우디의 밀월 관계를 더욱 공고하게 만들었다(아울러 이는 뇌물, 상납, 횡령 등으로 얼룩진 알 사우드 왕가의 부패가 본격적으로 시작된 계기이기도 했다).[5] 미국은 자국 내

4   리처드 하인버그, 신현승 옮김, 『파티는 끝났다』(시공사, 2006), pp. 151-152.

의 석유 생산이 1970년대 초 정점에 도달한 이후 석유 순 수입국으로 탈바꿈했는데, 1973년과 1979년 두 차례의 석유 파동이 미국 경제에 큰 타격을 입히자 중동 지역의 석유를 '국가 안보' 문제로 간주하기 시작했다. 1980년 1월 당시 지미 카터 대통령이 페르시아 만 지역은 "미국의 필수적인 이해관계"이며, "이 지역에 대한 외부의 공격에 대해 군사력을 포함한 모든 필요한 수단을 써서 격퇴하겠다."는 내용을 담은 일명 「카터 독트린」을 발표한 것은 그러한 인식을 잘 보여 준다. 미국의 이해관계와 맞지 않으면 CIA가 중동 국가의 요인을 '제거'하거나 내정에 간섭하고 심지어 전쟁을 방조하거나 일으키는 등의 행동을 얼마든지 할 수 있다는 얘기다.[6]

코넥스-킬린의 합병이 중국 회사의 적극적 대시에 의해 촉발되었다는 설정도 주목할 만하다. 잘 알려져 있다시피 1990년대 이후 경제 대국으로 발돋움하고 있는 중국은 석유 수요가 폭발적으로 늘어나면서 해외 에너지 의존도가 점차 심화되고 있다. 이 때문에 중국의 국영 석유 회사들은 카스피 해 연안이나 아프리카 등 세계 곳곳에서 석유 이권을 붙잡기 위해 필사적인 노력을 기울이고 있으며, 남중국해의 천연가스 시추권을 놓고 베트남, 필리핀, 말레이시아 등과 영유권 갈등을 빚고 있기도 하다. 국제 사회에서 중국의 급부상을 경계의 눈초리로 바라보고 있는 미국이 이러한 중국의 움직임을 견제하기 위한 적극적 행동에 나서고 있는 것 역시 주지의 사실이다.[7]

---

5   로버트 베어, 『악마와의 동침』, pp. 135-149.

6   김재명, 『석유, 욕망의 샘』(프로네시스, 2007), p. 80.

7   위의 책, pp. 108-114.

　마지막으로 눈여겨볼 대목은 이슬람 사원으로 들어가 자살 폭탄 테러범으로 변모하게 되는 파키스탄 이민 노동자 와심의 운명이다. 사우디아라비아 곳곳에 산재해 있는 이들 근본주의 이슬람 사원들이 반미 정서의 온상이자 '테러리즘'의 양성소와 같은 역할을 하고 있기 때문이다(2001년의 '9/11' 테러범으로 파악된 인물 19명 중 15명은 미국의 '영원한 우방'인 사우디 국적이었다.). 얄궂은 역설은 바로 이들 이슬람 사원을 지원해 키워 온 것이 다름 아닌 미국과 알 사우드 왕가라는 사실이다. '와하비'로 불리는 급진 이슬람 세력이 근래 들어 급격하게 세를 넓혀 온 데는 1967년 아랍-이스라엘 전쟁에서의 쓰라린 패배가 촉매 역할을 했는데, 이들은 분쟁 때마다 사사건건 이스라엘 편을 드는 미국뿐 아니라 친미 성향의 알 사우드 왕가까지도 못마땅하게 여겼다. 이에 알 사우드 왕가는 급진 이슬람 세력이 자신들을 적대시할 것을 두려워해 미국에서 첨단 무기를 대규모로 사들이는 한편, 1970년대부터 엄청난 오일 달러를 퍼부어 수많은 이슬람 사원과 종교 학교를 새로 짓고 그 활동을 지원하고 있다. 말하자면 알 사우드 왕가의 부패를 모른 척해 주는 대가로 급진 이슬람 세력을 지원하고 있는 것이다. 그런가 하면 미국은 냉전기 동안 근본주의 이슬람 세력을 소련이라는 '악의 축'에 맞서 싸울 수 있는 보루처럼 간주해 왔고, 1980년대에는 이들 근본주의 이슬람 사원과 종교 학교들을 아프가니스탄에서 소련 침략자들을 몰아내는 전사들의 양성소쯤으로 여겼다. 미국은 이들 세력에 무기를 공급하고 돈을 대 주었는데, 이러한 기회주의적 행태가 결국 9/11이라는 충격적 사건으로 부메랑처럼 다시 돌아온 셈이 되었다.[8]

「시리아나」가 드러내고 있는 전 지구적 석유 경제의 복잡다단한 측면들, 즉 석유 정점의 도래에 자극 받은 석유 산업의 재편, 수단과 방법을 가리지 않는 미국의 자원 안보, 거대 에너지 소비국 중국의 부상, 근본주의 이슬람 테러리즘의 기원 등은 그 자체로 매우 중요하고 의미 있다. 그러나 「시리아나」가 던져 주는 가장 중요한 메시지는 영화의 광고 카피에서 내세우고 있는 "모든 것은 연결되어 있다(Everything Is Connected)."라는 경구에 들어 있다. 이는 브라질에서 나비가 날갯짓을 하면 다음날 텍사스에 토네이도가 몰아닥친다는 카오스 이론의 '나비 효과'를 연상케 하는 세계화의 한 단면이다. 자국의 석유 수급로를 확보하려는 중국의 공세적 접근은 카자흐스탄으로 눈을 돌린 미국 회사의 합병을 낳고, 미국 회사의 합병은 파키스탄 이민 노동자의 실업을 낳고, 이민 노동자의 실업은 1970~1980년대 알 사우드 왕가와 미국 정부가 터전을 닦은 근본주의 이슬람 사원에서 테러리즘의 씨앗으로 번모하고, 미국의 국익에 위협이 되는 이란의 무기 밀매상을 제거하려는 계획은 송유관 테러에 쓰일 무기를 세공하는 식으로, 석유와 관련된 모든 일들은 서로 예기치 못한 방식으로 연결되고 있다.

미국과 중동 양쪽 모두로부터 일정하게 거리를 두고 세상을 바라보는 우리의 입장에서는 아마도 이 영화를 우리와는 직접 연관이 없는 세력들 간의 복마전으로 보거나, 아니면 '미국은 나쁜 놈'이라는 상투적 진실을 다시금 확인하는 계기 정도로 삼을 가능성이 크다. 그

8   로버트 베어, 『악마와의 동침』, pp. 36-37, 155-157.

러나 과연 그럴까? 영화 속에 나타나는 모든 사건들의 책임을 '사악한' 미국 정부나 거대 석유 기업들에 모두 떠넘겨 버리면 그만인 걸까? 미국 제5함대의 호위를 받는 페르시아 만의 유정에서 끌어올린 석유를 매일같이 쓰면서 석유 정점 문제나 대체 에너지 개발에는 별반 관심이 없는데도 우리가 「시리아나」의 세계에 대해 무관함을 주장한다면 그건 아마도 위선일 것이다. 그렇다면 유가 급등이라는 '악재'에도 불구하고 중대형 승용차나 SUV를 압도적으로 선호하는 우리의 미약한 '날갯짓'이 세계 다른 곳에서는 어떤 '토네이도'를 불러오고 있을지도 다시 한번 생각해 봐야 하지 않을까?

여성 과학 기술자가 역사에서 지워지는 방식

「극비 계획 로지(Top Secret Rosies)」
2010년
감독 리앤 에릭슨

이를 불식하려는 숱한 학문적, 제도적 노력에도 불구하고, '기술은 남성적인 것'이라는 선입견은 여전히 강고하다. 기술은 군사 무기 개발 등에서 잘 드러나듯 종종 남성성과 연관되어 이를 표출하는 계기로 그려지며, 이에 따라 기술 분야들은 다분히 남성적인 문화에 의해 지배를 받고 있다. 이는 (과거보다는 덜하지만) 여전히 젊은 여성들이 공학 분야에 진출하는 데 장애가 되고 있다.

기술 분야들 중에서 핵폭탄 등의 군사 무기나 우주 비행 같은 항공 우주 기술과 더불어 가장 '마초적'인 분야로 여겨지는 것이 컴퓨터 기술이다. 새로운 컴퓨터를 설계, 제작하고 컴퓨터 프로그램을 개발하는 사람들은 압도적으로 남성들로 그려지며, 이는 이 분야에서 활동하는 기술자 내지 '해커'들에 대한 전형적 이미지 — "헝클어진 외모를 하고 있는 유능한 젊은이들, …… 구겨진 옷, 세수도 면도도 하지 않은 얼굴, 부스스한 머리카락"으로 대표되는 — 에서 확인할 수 있다.[1] (특히 여성들에 대한) 대인 관계에 서투르거나 무관심하고 오직 코드 작성에만 몰두하는 남성 컴퓨터 프로그래머의 모습은 스티븐 레비(Steven Levy)의 『해커(*Hacker*)』나 로버트 크린즐리(Robert X. Cringely)의 『우연히 만들어진 제국(*Accidental Empires*)』 — 그리고 이 책에 근거한 PBS의 인기 다큐멘터리 「괴짜들의 승리」 — 같은 저작들을 통해 대중적으로도 널리 퍼져 있다.[2] 이러한 전형적인 이미지 속에는 여성들이 끼어들 틈이 좀처럼 보이지 않으며, 심지어 여성들에게 적대적인 것처럼 여겨지기까지 한다.

그러나 디지털 컴퓨터 기술(혹은 그것의 존재 이유를 제공했던 수학적 계산)이 태생적으로 반여성적인 속성을 지닌 것은 아니었다. 2010년에 제작되어 미국의 공영 방송 PBS에서 방영된 다큐멘터리 「극비 계획 로지」는 디지털 컴퓨터가 처음 생겨났던 제2차 세계 대전 시기의 계산 작업이 어떻게 이뤄졌는지를 흥미롭게 재현함으로써 이러한 통념을 보기 좋게 깨뜨린다.[3] 잘 알려진 것처럼, 제2차 세계 대전은 여성

---

1   주디 와츠맨, 조수현 옮김, 『페미니즘과 기술』(당대, 2001), 6장(인용은 p. 249).

2   스티븐 레비, 박재호·이혜영 옮김, 『해커스: 세상을 바꾼 컴퓨터 천재들』(한빛미디어, 2013); 로버트 크린질리, 김광수 옮김, 『우연의 왕국』(전자신문사, 1994).

3   다큐멘터리의 내용은 Mark Wolverton, "Top Secret Rosies," *American Heritage*, 61:2 (Summer/Fall 2011): 50-57에 잘 요약돼 있다. (같은 기사의 인터넷판을 http://www.american-heritage.com/content/girl-computers에서 볼 수 있다.) 기사의 말미에 붙은 "Rediscovering the Rosies"라는 상자 기사는 템플 대학교 영화학과 교수인 다큐멘터리 감독 리앤 에릭슨(LeAnn Erickson)이 이 주제를 우연히 접하고 제작에 이르게 된 뒷이야기를 담고 있어 흥미롭다. 이 작품이 갖는 의의에 대

의 직업 활동 참여에
서 혁명적인(비록 일시
적인 것으로 그치긴 했
지만) 변화가 일어났던
시기였다. 젊은 남성
들이 징집되어 해외로
빠져나간 빈자리를 메
우기 위해 수많은 여
성들 ― 일명 '리벳공
로지(Rosie the Riveter)'
로 불렸던 ― 이 자발
적으로 나서서 공장

에서 기계를 돌리고 군수 물자를 생산했고, 여성들의 참여를 촉진하기 위해 국가적 차원의 대대적 선전 작업도 이뤄졌다. 이러한 '로지'들 중에는 공장에서 일하는 대신 자신이 가진 수학 능력을 이용해 군사적 노력에 일익을 담당했던 이들도 있었다. 아직 우리가 알고 있는 '컴퓨터'가 없던 시기에 육군에 고용되어 대포의 포탄이나 폭격기에서 떨어뜨리는 폭탄의 탄도를 계산했던 젊은 여성 '컴퓨터'들이 바로 그들이었다(당시에는 '컴퓨터'가 기계가 아니라 사람을 가리키는 말이었다.). 이러한 여성 컴퓨터들은 계산 작업을 빨리 하거나 암호 해독에 도움을 주기 위해 개발된 초창기의 디지털 컴퓨터들 ― 미국에서 만

해서는 Joseph November, "When Women Were Computers," *Technology and Culture*, 52:4 (2011): 788-791도 참조하라.

들어진 에니악(ENIAC)과 영국에서 제작된 콜로서스(Colossus) ─ 의 실제 운용과 프로그래밍에서도 남성 엔지니어들과 함께 중요한 역할을 했다.[4]

이 작품은 컴퓨터의 역사를 다루는 기술사 서술에서 (무어의 법칙 따위로) 흔히 찾아볼 수 있는 (하드웨어 중심의) 기술 결정론적 경향에 일정한 해독 작용을 한다. 디지털 컴퓨터의 초기 역사를 다룬 글이나 책을 보면 그 이전까지의 계산이 얼마나 더디고 힘들었는지, 그리고 그러한 계산 과정을 에니악이 어떻게 획기적으로 바꿔 놓았는지에만 초점을 맞추는 것을 흔히 볼 수 있다. 가령 이전까지 포탄의 탄도 하나를 계산하는 데 가산기(adding machine)를 이용한 사람의 손 계산으로는 하루가 걸렸고, 1920년대에 개발된 아날로그 컴퓨터인 미분 해석기(differential analyser)를 이용한 계산으로는 15분이 걸렸지만, 에니악으로는 불과 20초면 되었다는 식이다.[5] 그러나 이런 식의 서술에는 해당 기계를 '설정'(요즘 식으로는 '프로그래밍')하고 실제로 가동시키는 인간(좀 더 정확하게는 '여성')의 노동에 들어간 시간은 빠져 있고, 그 때문에 마치 에니악이 저 혼자서 움직이는 자율적인 기계라는 식의 인상을 주기가 십상이다. 하지만 에니악은 물론이고 이전 세대의 미분 해석기 역시 그것을 다루는 사람들의 숙련과 고된 노동이 없이는 사실상 고철 덩어리에 가까운 무용지물이었고, 이 작품은 그 점을

<hr>

4 이 다큐멘터리는 미국의 상황만을 다루고 있다. 제2차 세계 대전 당시 영국과 미국의 디지털 컴퓨터에서 작업했던 여성 인력들의 활동에 대한 좀 더 상세한 비교 평가는 Janet Abbate, *Recoding Gender: Women's Changing Participation in Computing* (Cambridge, MA: The MIT Press, 2012), chap. 1을 보라.

5 일례로 김명진, 『야누스의 과학』(사계절, 2008), pp. 59-60을 보라.

아주 잘 보여 주고 있다.[6]

또한 이 작품은 여성 과학 기술자들의 정당한 기여가 인정받지 못하고 역사 속으로 묻혀 버리게 되는 과정을 다시 한번 보여 주고 있다는 점에서 흥미롭다. 당시 에니악을 개발한 남성 엔지니어와 프로젝트 책임자들은 기계를 실제로 가동시키는 여성 '프로그래머'들에게 필요한 훈련과 그들이 발휘하는 숙련의 수준을 과소평가하고 있었다. 컴퓨터의 플러그를 꽂고 빼는 것 같은 단순 작업만 담당하면 되는 사무직 노동자 정도로 생각했던 것이다. 그러나 디지털 컴퓨터는 완전히 새로운 기술이었고, 에니악은 여러 모로 아직 미완성된 기계였다. 이 때문에 이것의 가동을 담당한 여성 프로그래머들은 엔지니어링 도면을 보면서 시행착오를 통해 배워야 했고, 물리적 '설정'뿐 아니라 수학적 분석, 논리 설계, 디버깅(debugging) 같은 다양한 업무에 숙달되어야 했다. 아울러 그들은 이후에 널리 쓰이게 된 여러 가지 프로그래밍 도구들을 발명하고, 1946년 2월에 열린 에니악 시연 행사에서 대중적 찬사를 받았던 탄도 계산 프로그램을 직접 짜기도 했다.[7]

그러나 이처럼 중요한 역할을 했음에도 불구하고, 그들의 기여는 성별 역할에 대한 고정 관념에 가려 제대로 인정받지 못했고, 전쟁 이후 나온 에니악에 대한 설명들에서 거의 지워져 버렸다. 일례로 1946년 2월 15일자 《뉴욕 타임스》에 실린 사진은 에니악에 관해 가장 널

6   Abbate, *Recoding Gender*, pp. 37-38.

7   위의 글, pp. 24-33.

리 배포된 사진들 중 하나인데, 사진의 전면에 군복을 입은 남성의 모습이 도드라지지만 그 배경에서 일하는 2명의 여성들의 모습을 분명히 확인할 수 있다. 그러나 이 사진이 이후 재활용될 때는 여성들의 모습이 대체로 잘려 나갔고, 1946년 말 여러 잡지에 실린 육군의 컴퓨터 인력 모집 광고에서는 사진의 절반 이상이 삭제되어 남성 한 사람만 남은 것을 볼 수 있다. 이는 기술의 역사에서 여성들의 기여가 지워져 버리는 방식을 상징적으로 보여 주는 듯해 씁쓸함을 남긴다.[8]

에필로그에서 간략히 언급되는 것처럼, 제2차 세계 대전 시기의 여성 컴퓨터들 중 일부는 전쟁 이후에도 컴퓨터 산업에서 성공적인 경력을 쌓아 나갔으며 상당히 높은 직책까지 오르기도 했다. 그리고 적어도 1960년대까지는 그들의 존재가 예외적인 것이 아니었다. 신뢰할 만한 관측에 따르면 1960년대 후반까지만 해도 컴퓨터 프로그래밍 분야에서 여성 인력의 비중은 30퍼센트에 육박할 정도로 과학 기

---

8   Jennifer S. Light, ¨When Computers Were Women,¨ *Technology and Culture*, 40:3 (1999): 455-483.

술 분야 중에서는 상당히 높은 축에 속했다. 이런 상황이 바뀌어 글의 앞머리에 언급한 것과 같은 컴퓨터 프로그래머에 대한 고정 관념이 생겨난 것은 1960년대 이후의 일이며, 프로그래밍 기술을 의사소통 능력보다는 체스 두기나 퍼즐 풀이 능력과 관련된 것으로 보았던 당시의 선입견, 컴퓨터 회사들의 프로그래머 선발 방식과 고용 관행, 1960년대의 이른바 '소프트웨어 위기' 이후 나타난 컴퓨터 과학 분야의 전문직화 경향 등이 합쳐져 빚어낸 결과였다. 즉, 컴퓨터 분야는 본래 '남성적'인 분야였기 때문에 여성들이 진입하기 힘들었던 것이 아니라, 일련의 과정을 거치며 남성적인 분야로 '구성'되었기 때문에 여성들이 점차 기피하게 된 것이다.[9]

9   Nathan Ensmenger, "Making Programming Masculine," Thomas J. Misa (ed.), *Gender Codes: Why Women Are Leaving Computing* (Hoboken, NJ: Wiley, 2010), pp. 115–141.

60년대적인,
너무나 60년대적인

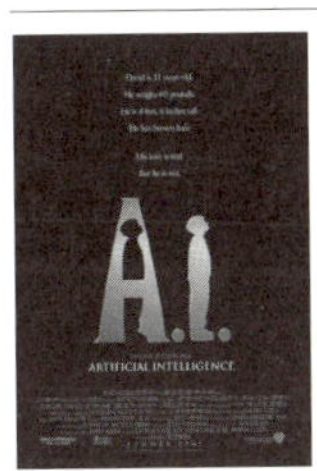

「에이아이(A.I.)」
2001년
감독 스티븐 스필버그

SF 영화들 중에는 인공 지능(artificial intelligence, AI) 기계가 발전하면서 독자적인 사고와 의지를 갖게 되어 원래의 '주인'인 인간에게 반항하고 심지어 인간을 지배하려 든다는 설정을 가진 작품들이 많이 있다. 1960년대의 「알파빌」과 「2001년 스페이스 오디세이」에서 시작된 이러한 경향은 1970년대 이후 상투적인 장르적 경향으로 굳어졌고, 오늘날에는 「터미네이터」나 「매트릭스」에서 보듯 핵전쟁이나 가상 현실 등과 연관되어 다양한 형태로 변형되고 있다. 이런 영화들의 근저에는 컴퓨터를 인간적인 것에 대한 '타자'나 '궁극의 기술적 괴물'로 파악하는 기술 공포론(technophobism)적 시각이 깔려 있다.[1] 1980년대 초에 스탠리 큐브릭이 처음 구상했다가 큐브릭 사후 스티븐 스필버그가 각본을 쓰고 감독해 만들어진 「에이아이」는 바로 이러한 시각에 착안해 흥미로운 질문을 던지고 있는 영화이다.

지구 온난화로 극지방의 빙하가 녹아 해안가의 대도시들은 물속에 잠기고, 재난을 피해 살아남은 사람들은 높은 생활 수준을 유지하기 위해 '메카'라 불리는 로봇의 봉사에 의존하는 그리 머지않은 미래. 로봇 생산 회사인 사이버트로닉스의 하비 박사(윌리엄 허트)는 감정을 느끼고 부모를 영원히 '사랑'할 수 있는 아이 로봇 데이비드(할리 조엘 오스먼트)를 개발한다. 데이비드는 불치병에 걸린 아이를 둔 부부의 집에 입양되지만, 죽었다고 생각한 아이가 살아 돌아온 후 부부에 의해 버려진다. 피노키오 동화가 진짜라고 굳게 믿게 된 데이비드는 메카 혐오주의자들에게 붙잡혔다가 파괴되는 것을 용케 모면한 후, 섹스 로봇인 지골로 조(주드 로)의 도움을 받아 자신을 '진짜 아이'로 만들어 줄 푸른 요정을 찾아 '세상의 끝'으로 떠난다.

스필버그는 「에이아이」를 통해 다분히 거창한 질문을 던진다. "만약 기계가 우리를 조건 없이 사랑한다면, 우리는 기계를 사랑할 수 있을까?" 「에이아이」는 인간의 사랑을 얻으려 발버둥치는 기계와 매몰차고 이해타산적이며 잔인하기까지 한 인간의 모습을 줄곧 대비시키는 구성을 통해 관객들을 불편하게 만든다(특히 러닝 타임의 초반 3분의 1은 대단히 으스스한 느낌을 준다.). 이와 같은 '도발'을 통해 이 영화는 사람들이 기계에 대해 품고 있는 뿌리 깊은 거부감을 문제 삼고, 이를 넘어서는 '인식의 전환'이 필요하다고 주장하는 듯하다. 아마

1   Anton Karl Kozlovic, "Technophobic Themes in Pre-1990 Computer Films," *Science as Culture*, 12 (2003): 341-373.

도 이 영화가 '감동적'이라고 생각한 관객이라면 이런 주장에 이미 절반쯤은 동의하고 있을지도 모르겠다.

그러나 과연 이런 질문과 주장은 온당한 것일까? 「에이아이」가 제기하고 있는 질문은 우선 그 전제부터가 너무나 낡았다. 이를 이해하기 위해 시간을 조금 거슬러 올라가 보자. 잘 알려져 있다시피, 이 영화는 영국의 SF 작가인 브라이언 올디스(Brian Aldiss)가 1969년에 쓴 SF 단편 소설 「슈퍼 장난감은 여름 내내 지속 된다(Super-Toys Last All Summer Long)」를 근간으로 삼고 있는데,[2] 이 작품은 AI의 발전 가능성과 미래에 대한 1960년대식 낙관의 산물이다. 이 시기를 전후해 군대의 대대적인 지원을 받아 초기 형태의 인공 지능 기계들이 속속 개발되었고, 이는 절대적인 것으로 여겨졌던 인간과 기계, 유기적인 것과 기계적인 것 사이의 경계를 상당 부분 흐릿하게 만들었다.[3] 당시 일부 성급한 논자들은 이 둘이 본질적으로 구분되지 않으며 서로 환원될 수 있는 것이라고 주장하기까지 했다. 올디스 역시 「에이아이」의 개봉에 맞춰 쓴 칼럼에서, 자신도 한때 "인간의 두뇌는 컴퓨터와 같이 작동하는 것이며, 꿈이란 아마도 하루 일과가 끝난 후 일어나는 컴퓨터 다운로딩"일 거라고 생각했음을 고백하고 있다.[4] 이런 맥락에

---

2   올디스의 단편 소설은 산아 제한 정책으로 인해 부부가 아이를 낳기 위해서는 정부의 허가를 받아야 하는 미래 사회를 배경으로 하고 있다(누가 아이를 낳을 수 있는지는 매주 추첨으로 결정된다.). 주인공 부부는 '대체물'로 로봇 아이를 '입양'해 가까워지려고 노력하지만 부인과 아이는 계속해서 서로를 이해하지 못하고, 이후 운 좋게 '부모 로또'에 당첨된 부부가 자기 아이를 갖기로 하면서 로봇 아이를 어떻게 처분할지를 놓고 고심한다는 내용이다. 이 작품은 온라인에서도 읽어 볼 수 있다. http://www.wired.com/wired/archive/5.01/ffsupertoys.html

3   홍성욱, 「1960년대 인간과 기계」, 이중원 외 엮음, 『인문학으로 과학 읽기』(실천문학사, 2004), pp. 211-239.

1956년 영화 「금지된 세계」에서 로봇 '로비'가 인간들에게 커피를 따라 주고 있다.

비추어 보면 1960년대에 독자적인 의지를 갖게 된 컴퓨터의 이미지가 대중문화에 처음 등장하게 된 것은 별반 놀라울 것이 없는 사건이다.

그러나 인간과 같은 사고와 감정을 가진 인공 지능의 출현이 머지 않아 닥칠 거라는 일반 대중의 기대 내지 우려와는 달리, 오늘날 AI 전문가들 중 그런 낙관을 그대로 유지하고 있는 사람은 별로 없다. 감정을 지니고 누군가를 영원히 사랑할 수 있으며 꿈을 꿀 수도 있는 기계? 사랑이나 꿈꾸기를 기계에 프로그램 해 넣으려면 우선 그 현상이 무엇인지를 이해하고 이를 일련의 규칙으로 만들 수 있어야 하지

4   Brian Aldiss, "Like Human, Life Machine," *New Scientist*, no. 2308 (15 September 2001).

만, 과학자들은 아직 사랑이나 무의식의 실체조차 알지 못하고 있다. 현재 AI 과학자들이 집중하고 있는 것은 학습하고 문제를 푸는 능력, 사람의 말을 알아듣는 능력의 구현과 같은 좀 더 소박하고 실용적인 과제이다.[5] 따라서 영화보다 30년 전에 유행했던 생각을 거의 그대로 따르고 있는 「에이아이」의 설정을 곧이곧대로 받아들이는 것은 곤란한 일이다.

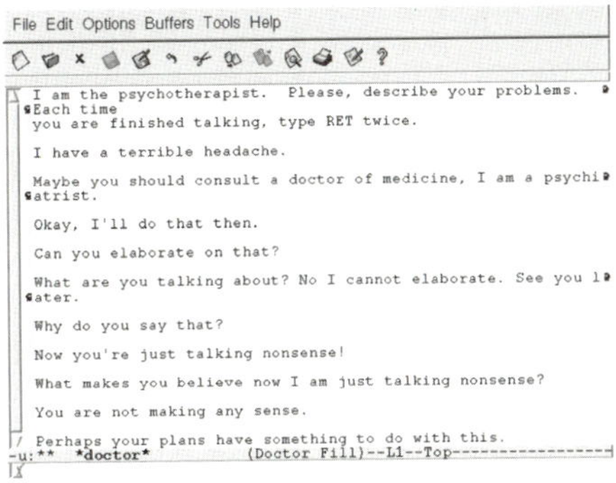

1960년대에 개발된 대화식 심리 치료 소프트웨어 일라이자(ELIZA).

물론 그렇다고 해서 「에이아이」가 던지는 질문 자체가 전혀 쓸모없다는 것은 아니다. 지성사학자 브루스 매즐리시(Bruce Mazlish)가 지적하고 있다시피, 사람들이 기계에 대해 보이는 반감은 적어도 수백 년의 역사를 지닌, 대단히 뿌리 깊은 문제이다. 매즐리시는 기계에 대한 거부감을 넘어서기 위해서는 인간이 기계보다 특별하고 우월한 존재라는 사고방식, 즉 '네 번째 불연속'의 제거가 필요하다고 일찍이 역설한 바 있으며, 이는 「에이아이」의 문제의식과 서로 통한다.[6] 그러나 (역시 1960년대식 낙관에 뿌리를 두고 있는) 매즐리시의 생각은 다분히

5   Farhad Manjoo, "The Truth behind A.I." *Wired News* (2 July 2001). 〔http://www.wired.com/news/technology/0,44946-0.html〕

6   브루스 매즐리시, 김희봉 옮김, 『네 번째 불연속』(사이언스북스, 2001). 이 책의 원저는 1993년에 출간되었으나 핵심 주장은 그보다 26년 전에 발표된 동명의 짧은 논문에서 제시된 바 있다. Bruce Mazlish, "The Fourth Discontinuity," *Technology and Culture*, 8 (1967): 1–15.

본말이 전도된 것이다. 기계에 대한 두려움을 극복하는 가장 좋은 방법은 SF적 미래상을 예견해 '존재론적 비약'을 과감하게 단행하는 것이 아니라, 기계가 인간 사회와 무관하게 그 자체로 존재하며 인간이 막을 수 없는 내적인 발전 논리를 갖는다는 '기술의 물신화'를 타파하는 것에서 찾아야 마땅할 것이기 때문이다.[7] 결국 「에이아이」가 지닌 의미는 도발적인 주제 의식("기계를 사랑하자.")이 아니라 그런 생각이 나오게 된 맥락("왜 인간은 기계에 대해 두려움과 거부감을 느끼게 되었는가?")을 성찰함으로써 얻을 수 있다.

[7]   김명진, 「흥미로운 문제 제기, 빗나간 대안」, 《서평문화》 43집 (2001년 가을호).

감시 기술 속에 갇힌
과학 기술자의 자화상

「**컨버세이션**(The Conversation)」
1974년
감독 프랜시스 포드 코폴라

20세기 후반에 일어난 정보 통신 기술의 비약적 발전은 감시 능력에 있어 엄청난 성장을 가져왔다. 제2차 세계 대전기에 발명된 디지털 컴퓨터는 1960년대부터 본격적으로 정부나 대기업의 업무에 도입되었고, 이는 정보의 저장과 검색 능력을 질적으로 바꿔 놓은 컴퓨터 데이터베이스의 등장으로 이어졌다. 1970년대에는 폐쇄 회로 텔레비전(CCTV)이나 신용카드 결제를 통한 정보 수집 같은 새로운 감시와 통제의 방법이 널리 쓰이기 시작했고, 1990년대 들어서는 인공위성을 이용한 위치 추적 시스템(GPS)과 인터넷을 통한 감시가 일상화되었으며, DNA 지문 같은 생체 정보를 이용한 감시 시스템도 확대일로에 있다.[1] 이러한 감시 능력의 비약적 증대는 오늘날의 사회를 '감시 사회(surveillance society)'로 특징짓는 사회 과학 담론을 낳았고, 이와 함께 정보 프라이버시의 침해를 문제 삼는 새로운 사회 운동을 태동시켰다.[2]

　감시 사회와 프라이버시 침해에 대한 이러한 문제의식은 1990년대 이후 만들어진 영화들 속에서 곧잘 찾아볼 수 있다. 「네트」나 「가타카」, 「에너미 오브 스테이트」 같은 영화들이 대표적인 예인데, 특히 「에너미 오브 스테이트」는 CCTV와 위치 추적 장치, 인공위성을 이용한 실시간 감시를 시각적으로 현란하게 재현함으로써 관객들에게 오늘날의 감시 기술이 어느 정도 수준까지 도달했는지를 생생하게 보여 주었다. 그러나 아쉽게도 이 영화들은 감시 기술을 극적 긴장을 위한 소재로 채용하고 있을 뿐, 오늘날의 감시에 대한 진지한 성찰을 담으려는 노력을 기울이지는 않고 있다. 음모의 거대함(?)과 어울리지 않는 순진한 할리우드식 해피엔딩이야 장르 영화의 특성상 어쩔 수 없다 치자. 그러나 감시에 쓰이는 첨단 '기술'에 지나치게 집중한 나머지, 그것을 둘러싼 사회적 맥락을 상투적인 악당과 무기력하면서도 기지 넘치는 희생자라는 이분법적 도식 속에 지워 버리는 것은 심각한 문제다. 지금으로부터 무려 40년 전에 만들어진 「컨버세이션」이라는 영화가 흥미롭게 느껴지는 것은 바로 이 지점에서다.

　영화의 중심에는 일류 도청 전문가인 해리 콜(진 해크만)이 있다. 그는 '고객'들로부터 의뢰를 받아 도청 업무를 수행한 후 테이프를 넘

1　홍성욱, 『파놉티콘—정보 사회 정보 감옥』 (책세상, 2002).

2　David Lyon, *Surveillance Society: Monitoring Everyday Life* (Buckingham: Open University Press, 2001).

CAMERA1
CAMERA2
CAMERA3

겨주고 돈을 받는 일종의 청부업자로서, 다양한 첨단 도청 장비를 직접 제작해 '문제 풀이'에 응용하는 발명가 내지 엔지니어로서의 면모도 아울러 지니고 있다. 그는 특정한 회사나 기관 등과 거리를 두면서 '독립성'을 유지하려 애쓰며, (역설적이게도) 자기 자신의 프라이버시를 지키는 데 병적으로 집착하는 인물로 그려진다. 그러던 어느 날, 콜이 맡은 일거리가 도청의 대상이 된 젊은 남녀의 생명을 위협할 수 있다는 증거가 포착되고 이는 콜을 심각한 번민 속으로 몰아넣는다. 그러나 사건을 막아 보려는 콜의 무기력한 몸부림은 물거품이 되어 버리고, 그는 놀라운 반전을 목격하게 된다. 그리고 영화의 말미에서 콜은 자기 자신이 오히려 도청 기술에 의해 감시를 받는 신세로 전락하고 만다.

감시 '기술'에 초점을 맞춰 「컨버세이션」을 보는 사람들은 아마도 십중팔구 실망하게 될 것이다. 이 영화의 배경이 된 1970년대 초는 정보 기술을 이용한 다양한 감시 수단들이 이제 막 쏟아져 나오기 시작한 초창기였다.[3] 따라서 여기 나오는 '첨단' 도청 기술을 오늘날의 기준으로 보면 그야말로 고색창연한 골동품들로 보일 수밖에 없다. 그러나 「컨버세이션」은 바로 이 때문에, 마치 스스로 진화하는 것처럼 보이는 현란한 감시 기술 그 자체로부터 거리를 두면서 그것을 둘러싼 맥락을 들여다볼 수 있는 기회를 제공한다. 대체 그러한 기술을 만들어 내고 운용을 담당하는 이들은 어떤 사람들인가? 그들은 왜 그런 일을 하며, 자신이 하는 일에 대해 어떤 생각을 하는가? 그리고

---

3   영화에 잠시 나오는 '도청 박람회' 장면은 당시 막 개발된 CCTV를 비롯한 1970년대의 도청 장비들을 보여 주고 있다. 정보 기술과 감시의 역사에 관심 있는 사람들에게는 흥미 있는 볼거리가 될 듯.

그들의 배후에는 어떤 사회 세력들이 도사리고 있는가? 「컨버세이션」은 도청 전문가의 내면 심리와 그가 겪는 일련의 사건들에 초점을 맞춤으로써 바로 이러한 질문들을 정면으로 다루고 있다.

「컨버세이션」은 도청 전문가를 꼭두각시 같은 존재가 아니라 '피와 살을 가진' 사람으로 그려

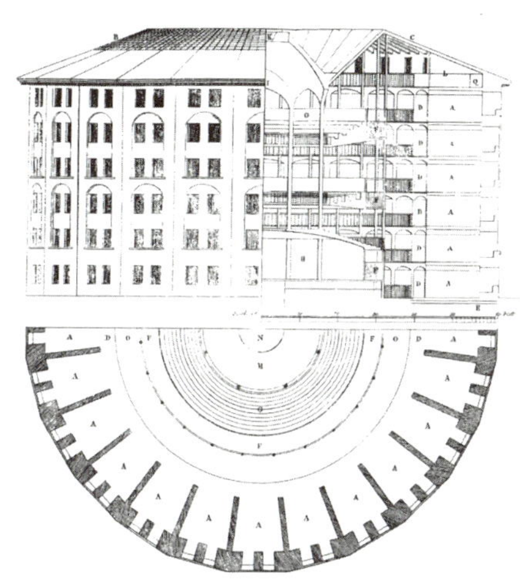

오늘날 감시 사회의 본질을 나타내는 상징으로 널리 간주되는 벤담의 원형 감옥 파놉티콘.

내고 있으며, 이를 통해 도청 기술의 윤리와 그 속에 내재한 딜레마를 제기한다. 영화의 주인공인 해리 콜을 보자. 그는 자신이 개발한 도청 장비들에 대해 상당한 자부심을 지니고 있으며 이를 은근히 자랑하고 싶어 한다. 그러면서 그는 자기가 맡아 하는 일에 대해 최대한 '중립적'으로 접근하려고 애쓴다. 도청 내용이나 도청 대상이 되는 사람들에 대해 관심을 두거나 개입하려 하지 않고 '양질의' 녹음을 기술적으로 확보해 고객에게 제공하는 데만 집중하는 것이다. 이렇게 도청 대상에 대해 '무관심'함으로써 그는 자신의 일(대화 내용의 도청)과 그로부터 파생될 수 있는 결과(도청의 대상이 된 사람들에 대한 살해 위협)을 서로 분리할 수 있으며, 따라서 후자에 대한 책임을 면제 받을 수 있을 거라고 생각한다. 이는 그 본성상 '사회적으로 문제가 있

는' 기술 업무 — 예컨대 군사 무기의 개발 같은 — 에 종사하는 과학 기술자의 자기 정당화 논리를 엿볼 수 있다는 점에서 흥미롭다. 과학 기술은 좋게도 나쁘게도 사용될 수 있는 하나의 도구에 불과하며, 과학 기술자는 일정한 보수를 받고 (그것의 궁극적 용도와는 무관하게) 그 도구를 생산하는 역할을 할 뿐이라는 생각이 그것이다.[4] 그러나 불행히도 콜의 이러한 '직업윤리'는 기술의 오용 가능성에 대한 그의 죄의식을 덜어 주지 못한다. 그리고 편집증과 망상으로부터 벗어나려는 콜의 노력은 그가 놀라운 기술적 전문성을 가졌음에도 불구하고 현실 세계 속에서는 무기력하기 짝이 없는 존재라는 사실을 드러낼 뿐이다. 결국 「컨버세이션」의 플롯은 콜의 자기 정당화 논리가 가진 허구성을 폭로하는 효과를 갖게 된다.

「컨버세이션」은 결말부의 상황 역전을 통해 콜을 더욱 궁지로 몰아넣는다. 이제 콜은 바로 자신이 종사하던 바로 그 전문직의 기술적 수단에 의해 도리어 감시를 당하는 처지가 된다. 그리고 자신의 방에 숨겨져 있는 도청 장비를 찾아내려는 그의 편집증적 노력은 수포로 돌아간다. 아마도 이 장면을 보면서 많은 사람들은 '뛰는 놈 위에 나는 놈 있다.'는 상투적인 격언을 머릿속에 떠올릴 것이다. 그러나 사실 이 장면에서 얻을 수 있는 더욱 중요한 교훈은 '기술적 정교함보다 그것을 둘러싼 권력관계가 더 중요하다.'는 것이 아닐까? 콜은 기술적 능력에 있어서는 타의 추종을 불허하지만, 그조차도 권력의 감시

<hr>

4   스티븐 골드만은 이 점에서 감독인 "코폴라가 엔지니어를 창녀에 빗대고 있다."고까지 말한다. Steven Goldman, "Images of Technology in Popular Films: Discussion and Filmography," *Science, Technology, & Human Values*, 14:3(1989): 275-301, 인용은 p. 280.

를 피할 수는 없다. 1만 5000달러에 그의 전문성을 사들였던 바로 그 권력은, 다시 그를 감시하기 위한 또 다른 전문성도 얼마든지 사들일 수 있는 것이다. 이러한 결말은 무기력하던 희생자가 기지를 발휘해 난공불락의 권력을 무너뜨리는 할리우드식 해피엔딩에 길들여진 사람들에게 새삼스런 깨달음을 제공할 것이다. 우리가 맞서 싸워야 하는 현실은 「네트」나 「에너미 오브 스테이트」가 아니라 「컨버세이션」에 더 가깝다는, 그런 깨달음 말이다.

비밀주의 과학 속, 공익 제보자의 고단한 삶

「**인사이더**(The Insider)」
1999년
감독 마이클 만

2005년의 황우석 박사 사건 이후 국내에서도 다소 뒤늦긴 했지만 연구 진실성(research integrity) 문제에 대한 관심이 높아졌다. 언론은 위조, 변조, 표절 등을 포함하는 연구 부정행위와 저자 표시 등 연구 윤리상의 쟁점들을 다루었고, 주요 대학들은 연구 진실성 위원회를 설치하고 젊은 과학자들을 대상으로 하는 연구 윤리 교육에 나섰다. 정부 기관들은 연구 진실성 확보를 위한 지침을 만들고 연구 윤리 정보 센터를 지원하고 있다.

이러한 과정 속에서 많은 사람들의 관심을 끌었던 중요 사항 가운데 하나가 바로 공익 제보자(whistleblower)에 대한 보호 문제였다. 과학 실험의 세부 내용은 해당 전문 연구자가 아니면 이해하기 어렵고,

연구가 진행되는 실험실은 일반인이 접근하기 어려운 공간이기 때문에 연구 과정에서 나타날 수 있는 부정행위나 비리 등의 문제점에 대한 제보는 동료 연구자와 같은 '내부자'가 맡을 수밖에 없다. 바로 과학 기술과 같은 전문직 영역이 건강하게 유지되기 위해 공익 제보자가 절실히 필요한 이유다. 그러나 공익 제보자의 정보 제공은 제대로 된 조사로 이어지지 못하는 경우가 많고, 조사를 통해 제보 내용이 사실로 밝혀지는 경우라고 하더라도 조직의 '배신자'로 낙인찍혀 해당 기관에서 왕따를 당하거나 불이익을 겪는 경우가 허다하다. 「인사이더」는 담배의 위험성에 관한 공익 제보자 증언을 둘러싼 탐사 보도에서 실제 있었던 사건을 영화화한 흥미로운 작품이다.

제프리 와이갠드(Jeffrey Wigand)(러셀 크로)는 미국의 3대 메이저 담배 회사 중 하나인 브라운 앤 윌리엄슨(Brown & Williamson)의 연구 개발(R&D) 담당 부사장을 지낸 과학자로, 발암성 첨가물에 대해 문제 제기를 했다가 새로운 경영진에 의해 해고되었다. 그는 퇴직금과 건강 보험 급여를 받는 조건으로 회사에서 일할 때 알게 된 모든 사실에 대해 비밀을 지키겠다는 내용을 담은 기밀 유지 계약서에 서명한 상태이다. 이런 그에게 CBS 방송의 간판 탐사 보도 프로그램인 「식스티 미니츠(60 Minutes)」의 PD인 로웰 버그먼(알 파치노)이 정보를 얻어 내기 위해 접근한다. 버그먼은 와이갠드에게 기밀 유지 계약을 깨고 담배의 위험성에 관해 증언하도록 설득하고, 다급해진 담배 회사 측은 소송 위협과 협박장 등을 통해 와이갠드의 입을 막으려 든다. 와이갠드는 위험을 무릅쓰고 담배 회사에 대한 소송과 「식스티 미니츠」 방영을 위한 증언을 결심하지만, 이 과정에서 가정불화를 겪고 가족을 잃는다. 설상가상으로 와이갠드의 인터뷰 테이프를 가진 CBS 방송사는 담배 회사가 막대한 배상액을 요구하는 소송을 걸어올 것을 우려해 테이프의 방영을 취소해 버린다. 버그먼은 갖은 압력 수단을 써서 와이갠드의 인터뷰를 방송하는 데 성공하지만, 탐사 보도의 한계를 느끼고 방송사를 그만둔다.[1]

「인사이더」에는 다양한 측면에서 눈여겨볼 만한 대목이 많다. 그중에서 담배 회사의 비열한 작태나 TV의 탐사 보도 메커니즘 같은 것이 사람들의 시선을 얼른 사로잡을 법하다. 그러나 이 영화는 과학의 사회적 맥락과 관련해서도 흥미로운 생각거리들을 제공한다. 먼저 와이갠드가 서명한 '기밀 유지 계약서'는 오늘날의 과학 연구에 대해 매우 많은 것을 말해 준다. 한때 기밀 유지를 중시하는 기업이나 정부 기관 종사자들에게 강제되곤 했던 이러한 계약서는, 과학의 상업화가 진전되고 대학 연구에 대한 기업의 지원이 증가하면서 이른바 '상아탑 과학자'들에게도 더 이상 예외가 아니게 되었다. 오늘날 기업의 돈을 받아 연구를 하는 대학이나 연구소의 과학자들은 '기업 측의 허락 없이는 아무것도 발표하지 않겠다.'는 단서 조항을 담은 기밀 유지 계약서에 서명하는 것이 일종의 관행으로 굳어져 가고 있다. 상업적 잠재성이 있어 보이는 연구 결과에 대한 특허 출원 시간을 확보하기 위해서이거나, 기업 측에 불리한 연구 결과가 나온 경우 발표를 가로

1   영화의 시나리오는 《배니티 페어》 지에 실렸던 마리 브레너(Marie Brenner)의 탐사 보도 기사에 부분적으로 의거해 씌어졌다. Marie Brenner, "The Man Who Know Too Much," *Vanity Fair* (May 1996). 이 기사는 영화에서 소략하게만 다루어진 사건의 여러 정황과 진행에 대한 상세한 정보를 담고 있다. 이 글과 와이갠드의 「식스티 미니츠」 인터뷰를 비롯한 여러 자료들은 와이갠드의 개인 홈페이지(http://www.JeffreyWigand.com)에서 볼 수 있다.

막거나 최소한 지연시키고 경우에 따라 회사 측의 해석을 끼워 넣기 위해서다.[2]

　기밀 유지 계약에 걸려 연구 결과의 발표가 지연되었던 사례는 대중적인 악명을 떨친 것만도 이미 여러 건이다. 1980년대에 빅터 디노블(Victor DeNoble)과 폴 멜(Paul Mele)이라는 2명의 과학자는 필립 모리스(Philip Morris) 사로부터 연구비를 받아 니코틴 중독에 관한 연구를 했다. 그들은 담배에 첨가되면 니코틴의 중독 효과를 증가시키는 물질을 발견했고, 이런 결과를 《심리 약물학》이라는 학술지에 투고했다. 그러나 필립 모리스는 이 사실을 알고 두 사람에게 논문 철회를 요구했고, 그들의 연구에 대한 지원을 중단하고 연구실을 폐쇄해 버렸다.[3] 부츠 제약 회사(Boots Pharmaceuticals)가 지원한 베티 동(Betty Dong)의 신티로이드(Synthyroid) 연구도 비슷한 사례다. 부츠 사는 갑상선 항진을 치료하는 자사의 특허 약품 신티로이드가 대체 약품보다 더 우수함을 입증할 수 있을 것으로 기대해 동의 연구를 지원했다. 그러나 동은 값싼 대체 약품들이 신티로이드와 동일한 안전성과 효능을 보인다는 '기대에 어긋난' 연구 결과를 얻어 냈다. 부츠 사는 기밀 유지 계약서에 근거해 《미국 의사 협회지》에 실리기로 되어 있었던 동의 논문 발표를 막았고, 이 논문은 7년이 지나 언론에서 이 사실을 폭로한 뒤에서야 비로소 발표될 수 있었다.[4] 이러한 사례들은 기업의 과학 연구 지원이 과학의 개방성과 객관성에 드리우는 어두

2　셀던 램튼·존 스토버, 정병선 옮김, 『거짓 나침반』(시울, 2006), 8장.

3　데이비드 레스닉, 「금전적 이해관계와 연구의 편향」, 《시민과학》 51호(2004년 3/4월): 32-53.

4　로리 앤드루스·도로시 넬킨, 김명진·김병수 옮김, 『인체 시장』(궁리, 2006), pp. 96-97.

운 그림자를 잘 보여 주고 있다.

과학에서의 비밀주의 확산과 더불어 눈여겨봐야 할 점은 공익 제보자가 겪게 되는 어려운 상황이다. 대중적으로 잘 알려진 부정행위나 비리 사건에서, 공익 제보자는 주위 사람들이 눈과 귀를 닫는 첨예한 갈등 상황 속에서도 양심의 소리에 귀 기울여 용기 있는 행동을 보여 준 '영웅'으로 흔히 칭송 받곤 한다. 그들은 이러한 경험 속에서 고통을 겪지만 그럼에도 한층 더 성숙한 모습으로 거듭나는 것으로 그려지며, 같은 상황에 또 처하게 된다면 다시 한번 같은 행동을 하겠냐는 식의 공개적인 질문에 대해 거의 모두가 그러겠다는 답변을 한다. 그러나 이러한 '낭만적'인 통념과는 달리, 공익 제보자의 처지를 바라보는 「인사이더」의 시선은 훨씬 더 냉정하다. 공익 제보자는 자기 얘기에 제대로 귀 기울여 주는 사람도 없이, 직장도, 집도, 가족도 모두 잃고 친지들로부터도 이해 받지 못하고 따돌림 당할 수 있으며, 자신이 고발한 대상이 단죄 받지 않은 채 오히려 조직과 사회 내에서 건재한 것을 보면서 심지어 자신이 '괜한 미친 짓'을 했다고 생각하게 될지도 모른다. 프레드 앨퍼드(C. Fred Alford)는 이처럼 공익 제보자가 도달하는 고독한 심리 상태를 사회의 모든 연관 관계로부터 끊어져 다른 세계를 떠도는 '우주 유영(space walking)'에 빗대기도 했다.[5]

그러나 공익 제보자가 겪게 되는 갖은 난관과 어려움에도 불구하

---

5   C. Fred Alford, *Whistleblowers: Broken Lives and Organization Power* (Ithaca: Cornell University Press, 2001), p. 5. 연구 부정행위를 제보한 공익 제보자들의 경험과 이들에 대한 보호 방안에 대해서는 김환석·김명진, 「제보자 보호와 연구 기관의 책임」, 《생명윤리》 9권 1호(2008): 2-18도 참조하라.

고 우리 사회는 더 많은 공익 제보자를 필요로 하고 있다. 과학이 점점 더 거대한 규모의 사회적 활동으로 변모하면서 일반인들의 접근은 더욱 어려워지는 반면 과학의 상업화와 경쟁의 증가는 연구 부정행위를 낳을 수 있는 여건으로 이어지고 있기 때문이다. 그렇기에 시종일관 냉정함을 유지하다가 끝부분에 가서 와이갠드의 궁극적인 '승리'를 보여 주는 「인사이더」의 결말은, 바로 더 많아져야 할 공익 제보자를 위한 격려 메시지일지도 모른다.

참신한 발상과 확장된 전개,
그리고 안이한 결말

「**매트릭스**(The Matrix)」 **3부작**
1999년, 2003년
감독 앤디 워쇼스키,
라나 워쇼스키

'인간에 대한 기계의 반항'이라는 모티브는 SF의 단골 소재 중 하나이다. 이는 거대한 기계가 작업장에 도입되면서 노동자들의 소외를 야기했던 산업 혁명기까지 그 기원을 소급해 갈 수 있는 낯익은 발상이다. 이 오랜 모티브는 디지털 컴퓨터의 발전과 함께 1960년대 들어 인공 지능(AI)에 대한 낙관적 기대가 풍미하면서 '진화를 거듭해 독자적인 사고 능력을 갖추게 된 컴퓨터가 인간을 위협한다'는 새로운 설정으로 변모하게 된다. 1968년에 개봉한 「2001년 스페이스 오디세이」는 자신의 의지를 갖고 인간의 뜻에 반항하는 AI의 모습을 보여 준 선구적 영화였고, 이런 이미지는 이후에도 「콜로서스 ─ 포빈 프로젝트」, 「악마의 씨」, 「트론」, 「슈퍼맨 3」, 「터미네이터」 등에서 면면하게

이어져 왔다.[1]

한편 1990년대부터는 '현실 공간과 가상 공간 사이의 흐려진 경계'라는 모티브가 반복해서 영화 속에 등장하는 것을 볼 수 있다. 이는 컴퓨터 그래픽 기술의 발전과 PC 통신 같은 사이버 공동체의 등장과 함께 보편화된 주제로, 「토탈 리콜」, 「론머맨」, 「오픈 유어 아이즈」, 「엑지스텐즈」 등이 이를 잘 보여 준다. 이런 모티브의 한 가지 극단은 현실 공간 혹은 '진짜' 세계인 줄 알았던 것이 알고 보니 모두 '가짜'였다는 식의 설정인데, 「다크 시티」나 「13층」 같은 영화들에서 엿볼 수 있는 이런 발상은 필립 K. 딕(Philip K. Dick) 같은 작가들이 즐겨 다루는 '인간의 정체성 혼란'이라는 주제와 서로 맥을 같이하는 것이다.

1999년에 개봉한 「매트릭스」는 바로 이 두 가지 모티브를 영리하게 결합해 나름의 독창성을 갖추었던 보기 드문 SF 영화였다. 「매트릭스」는 AI의 비약적 발전이 인간과 기계 간의 대립과 경쟁, 나아가 전면전으로 귀결되고, 그 결과 인간이 기계의 노예로 전락해 버린 200년 후의 미래를 배경으로 한다(이러한 배경은 「매트릭스」에서는 간접적으로만 언급되며 일종의 외전 격인 「애니매트릭스」의 "제2의 르네상스" 편을 보면 좀 더 자세한 설명이 나온다). 여기까지는 사실 그다지 새로운 얘기라고 보기 어렵다. 그러나 「매트릭스」는 우리가 살고 있는 1999년의 현실 공간이 실은 컴퓨터에 의해 관리되는 — 그럼으로써 우리가 기계에게 에너지를 제공해 주기 위해 사육되는 노예라는 '진실'을 잊게 만드는 — 가상 공간, 즉 '매트릭스'라는 복합적 설정을 들이밀었다. 이

1   Fred Glass, "Signs of the Times: The Computer as Character in TRON, War Games, and Superman III," *Film Quarterly*, 38:2 (1984–5): 16–27.

와 함께 「매트릭스」는 인간을 노예 상태에서 해방시키기 위한 '구세주'가 재림할 거라는 설정을 또 다른 큰 줄기로 삼음으로써 얘기를 끌어가는 축으로 성서적 세계관을 끌어들이고 있다. 이런 설정은 다분히 흥미로운 질문들을 여럿 던져 놓았다. 예컨대 「매트릭스」의 등장인물들은 '진짜' 세상을 정의하는 요소가 과연 무엇인지를 놓고 설전을 벌이고, 매트릭스로 돌아가기 위해 동료들을 배신하는 사이퍼는 "자신이 사는 세상이 '가짜'인 것을 알고서도 진정 행복할 수 있는가."라는 골치 아픈 질문을 제기하며, 주인공 네오는 "과연 구세주는 어떻게 자신이 구세주인 것을 아는가."라는 다분히 실존적인 차원의 문제를 놓고 고민한다.[2]

그로부터 4년 후인 2003년에 선을 보인 2편 「매트릭스 리로디드」와 3편 「매트릭스 레볼루션」은 그것이 완성되기 훨씬 전부터 수많은 사람들의 기대와 우려를 한 몸에 받았다. 과연 '성공'한 전편의 참신함과 흥미를 계속 이어 갈 수 있을 것인지, 아니면 통상적인 할리우드 대작 영화의 속편들처럼 강화된 액션과 빈약해진 스토리라인이라는 악순환을 이어 갈 것인지 하는 것이 초미의 관심사였다. 그런데 막상 뚜껑을 열어 보니 이런 기대와 우려의 내용들은 절반씩만 들어맞았다. 즉, 「리로디드」는 전편의 설정을 변형하고 확장하면서 나름대로 새로운 문제를 제기하고 기대를 불러 모았지만 최종편인 「레볼루션」은 그런 기대에 부응하지 못한 것이다.

먼저 「리로디드」를 보자. 「리로디드」에서 가장 눈에 띄는 요소는

---

2   글렌 예페스 엮음, 이수영·민병직 옮김, 『우리는 매트릭스 안에 살고 있나』(굿모닝 미디어, 2003); 슬라보예 지젝 외, 이운경 옮김, 『매트릭스로 철학하기』(한문화, 2003).

자유 의지와 필연의 상관관계라는, 새롭게 끼어든 다분히 현학적인 주제이다. 등장 '인물'들은 인간의 선택이 실제로는 기나긴 인과의 연쇄 속에 놓인 하나의 고리에 불과하다는 숙명론적 견해를 지닌 프로그램들과 인간의 자유 의지와 선택의 자유를 옹호하는 인간들로 나뉘어 언쟁을 벌인다. 이런 대립 구도는 인간의 결단과 선택에 의한 것으로 여겨졌던 '매트릭스'에 대한 저항 운동과 '구세주'의 존재마저도 이미 프로그램 속에 감안된 요인이었음이 '설계자'와의 대화에서 밝혀지면서 새로운 국면으로 진행된다. 이런 측면에만 초점을 맞추면 「리로디드」는 「매트릭스」를 지탱했던 원래의 모티브들에서 크게 빗나간, 새로운 영화로 보일지 모른다.

그러나 「리로디드」는 「매트릭스」가 의존하고 있던 두 개의 모티브 각각을 좀 더 심화시키고 있기도 하다. 먼저 기계의 인간 지배라는 모티브는 '지능을 가진 기계의 각성과 인간과의 대립'이라는 신화적 세계를 넘어 '기계에 대한 인간의 불가피한 의존'이라는 일상적 주제로 확장되었다. 이는 극중 등장인물인 평의회 원로가 시온의 지하로 내려가 네오와 나누는 대화에서 잘 드러나고 있다. 그는 기계에 맞서 투쟁하는 인간들의 삶이 또 다른 기계에 의존할 수밖에 없는 역설을 언급하면서, 과연 기술에 대한 '통제'란 무엇을 의미하는가를 네오에게 묻는다. 이는 우리가 아무리 애써도 기술로부터 벗어날 수 없으며 따라서 진정한 자유를 누릴 수 없다는 자크 엘륄(Jacques Ellul) 같은 철학자의 비관적 기술관을 상기시킨다.[3]

3   자크 엘루, 박광덕 옮김, 『기술의 역사』(한울, 1996)

그리고 '현실과 가상 사이의 모호한 경계'라는 모티브는 사람들이 사는 현실 공간이 알고 보니 가상 공간이었다는 식의 설정에서 그치지 않고 더욱 복잡하게 얽힌다. 매트릭스에만 존재하는 '프로그램'인 스미스가 현실 공간에 있는 인간의 정신 속으로 침투하고, '설계자'를 만난 후 현실 공간으로 돌아온 네오가 알 수 없는 힘으로 '센티넬'(기계 파수꾼)들을 제압하는 장면을 보면, 이제 매트릭스의 안과 밖이 서로 분명히 구분되지 않은 채 뒤섞이고 있음을 알 수 있다. 이렇게 확장된 설정은 관객들로 하여금 인간과 기계, 현실과 가상의 궁극적인 관계가 어떻게 될 것인가에 관한 궁금증을 불러일으켰다. 예컨대 인간과 기계는 서로를 완전히 '박멸'하지 않은 채 공존할 것인지, 그리고 과연 시온이 위치한 현실 공간은 진짜 세계인지(바꿔 말해 2199년의 디스토피아적 '현실' 공간 역시 또 다른 가상 공간, 즉 '매트릭스'인 것은 아닌지) 같은 질문들이 그것이다.

그러나 정작 최종편인 「레볼루션」은 「리로디드」가 던져 놓은 화두들을 제대로 수습하지 못한 채 황망하게 막을 내렸다. 가장 큰 궁금증이었던 현실과 가상의 관계는, 결과적으로 '현실은 현실이고 가상은 가상'이었다는 식의 싱거운 결론으로 끝나고 말았다. 현실 공간 속에서의 네오의 힘의 정체는 전혀 설명되지 않았고, 단지 그가 원래부터 '구세주'였기 때문에 가진 힘이라고 추측할 수 있을 뿐이다. 이는 구세주의 존재나 그가 가진 힘이 프로그램상의 불규칙성이나 돌발 변수로 인해 나타나는 것으로 설정되었던(그래서 그의 힘 역시 매트릭스 내로 한정되는 것으로 여겨졌던) 「리로디드」의 전개 자체를 부정한 것으로 앞뒤가 맞지 않는다. 자유 의지와 필연의 상관관계 또한 마찬가지다. 주인공 네오는 웬일인지 자신이 무엇을 해야 하는지 '알게' 되고 자신의 '선택'에 따라 기계 도시로 향한다. 그리고는 기계들의 왕(?)과 담판을 벌이고 시스템의 제약에서 벗어나 폭주하는 스미스와 대결을 펼친다. 여기서의 결론 역시 '선택은 선택일 뿐'이라는 것이다. 이런 결론 속에는 인간의 선택이 필연적 귀결, 즉 운명의 소산인지, 아니면 자유 의지의 결과물인지에 대한 깊은 고민이 묻어 있지 않다. 「레볼루션」은 이러한 전개 과정상의 약점과 얕아진 깊이를 훨씬 규모가 커지고 시간도 길어진 액션 장면들로 메우려 시도한다. 불행히도 종국에 가서는 할리우드 대작 영화들의 전철을 되밟고 만 셈이다.

「레볼루션」에서 그나마 위안으로 삼을 만한 것이 있다면, 그것은 인간과 기계의 관계에 대한 결론이다. 대결을 통한 네오의 자기희생의 결과, 시온에서의 살육전은 중단되고 인간과 (자의식을 가진) 기계는 평화로운 공존의 시대로 접어든다. 이는 소외시키는 힘, 지배의 주체로서의 기계의 전형적 이미지를 탈피하려는 한 가지 노력으로 주목할 만하며, 1990년대 이후 인간과 AI의 관계를 다룬 영화들의 새로운 경향을 반영하고 있기도 하다.[4] 그러나 2편까지의 전개를 돌이켜 볼 때, 어찌 보면 이는 가장 안전하고 손쉬운 결론일 수도 있다. 이런 결론에서는 「리로디드」에서 암시되었던 '기계에 대한 인간의 불가

---

4   1990년대부터는 그간 상호 대립적인 것으로 파악되어 온 인간과 AI(혹은 로봇/사이보그)의 경계가 흐려지면서 이 둘이 서로 화해하고, 심지어 AI가 스스로를 희생해 인간을 구하는 '구원자'로 그려지는 등 종전과는 다른 긍정적 이미지가 나타나고 있다는 점을 주목할 만하다. 「블레이드 러너」, 「에일리언 2」, 「터미네이터 2」 등은 그런 이미지를 잘 보여 주는 초기 작품들이다. 좀 더 최근 들어서는 「아이 로봇」이나 「월-E」처럼 한 편의 영화 속에 악당 AI(융통성 없는 '기계')와 선한 AI(좀 더 '인간적'인 특성을 지닌 로봇)가 공존하며 서로 대립하는 양상이 나타나고 있기도 하다. Anton Karl Kozlovic, "Technophobic Themes in Pre-1990 Computer Films," *Science as Culture*, 12 (2003): 363–367 참조.

피한 의존'이라는, 우리가 좀 더 관심을 가질 만한 일상적 주제에 대
해 깊이 있는 통찰을 찾아볼 수 없기 때문이다. 결국 「매트릭스」 3부
작 전체는 신화의 영역에서 빠져나오지 못한 채 마무리 지어지고 만
것이다.

2

환경과
생명

21세기
과학 기술의
과제

생태주의 담론이 주는 감동과 한계 16

「프레데릭 백의 선물」
「아브라카다브라」(1970년), 「이논 혹은 불의 정복」
(1971년), 「새의 창조」(1973년), 「환상?」(1974년), 「타
라타타!」(1977년), 「투 리엥」(1979년), 「크락」(1981년),
「나무를 심은 사람」(1987년), 「위대한 강」(1993년)
감독 프레데리크 백

프레데리크 백(Frédéric Back)의 이름을 잘 모르는 사람이라 하더라도 식목일 때마다 TV에서 여러 차례 방영해 준 단편 애니메이션 「나무를 심은 사람」이라고 하면 아, 그 영화 하고 탄성을 지를지도 모르겠다. 그리고 「나무를 심은 사람」을 본 사람이라면, 엘지아르 부피에라는 이름을 기억하지 못하더라도 30년이 넘게 아무도 찾지도 않는 황무지에서 매일 수백 그루의 나무를 심어 이를 비옥한 땅으로 바꿔 놓은 시골 농부의 감동적인 이야기를 떠올릴 것이다. 이는 흥미롭게도 프레데리크 백의 '장인적' 작업 방식과 통하는 바가 있다.

백은 1924년에 프랑스에서 태어나 미술을 공부했고 1948년에 캐나다로 이주해 1953년부터 라디오 캐나다 방송국(Société Radio-

Canada)에서 일하기 시작했다. 그는 1968년에 이 방송국의 애니메이션 부서로 자리를 옮겨 25년 동안 모두 9편의 단편 애니메이션을 만들었다. 그는 혼자(혹은 조수 1명과 함께) 모든 그림을 그려 작업하는 것으로 유명한데, 「나무를 심은 사람」을 5년 반에 걸쳐 작업할 때에는 2만 장에 달하는 그림 대부분을 직접 그렸으며(이 과정에서 그는 오른쪽 눈을 실명했다.), 가장 최근 작품인 「위대한 강」을 만들 때도 시나리오와 함께 1만 7000장의 작화를 도맡았다.[1] 베네딕도 미디어에서 출시한 「프레데릭 백의 선물」 DVD 박스는 그가 만든 모든 애니메이션 작품들을 한눈에 볼 수 있는, 말 그대로 깜짝 '선물'이다.

백의 작품들은 캐나다의 토착 문화와 생태 환경에 대한 관심을 일관되게 유지하고 있는데, 특히 1974년에 발표한 「환상?」부터 백의 주제 의식은 환경 보호 쪽으로 분명하게 쏠리기 시작했다. 「환상?」은 평화로운 산골 마을의 아이들을 덮친 산업화의 '음모'를 다루었고, 우리 식으로는 '빵빠라빵' 정도에 해당할 의성어를 제목으로 한 「타라타타!」는 도시를 지나가는 요란한 퍼레이드 행렬과 한 소년이 떠올린 소박한 동심의 퍼레이드를 대비시켰다. 「투 리엥」은 기독교의 천지 창조 이야기를 빌려 인간의 오만과 환경 파괴를 비판했고, 「크락!」에서는 전통 사회에서 산업 사회로 넘어가는 퀘벡 지방의 지난 100여 년 역사를 흔들의자의 시점으로 그려 냈다. 프랑스의 소설가 장 지오노(Jean Giono)의 원작을 영화화한 「나무를 심은 사람」은 더 이상 설명이 필요 없는 백의 대표작이고,[2] 「위대한 강」은 퀘벡을 가로질러 흐르

<hr>

[1]   김준양, 「프레데릭 백 「위대한 강」」, 『애니메이션, 이미지의 연금술』(한나래, 2001), pp. 48-55. 백에 관한 전기적 정보는 http://www.awn.com/gallery/back도 참조하라.

세인트로렌스 강.

는 세인트로렌스 강의 환경 파괴 문제에 대해 역사적으로 접근한 다큐멘터리 풍의 작품이다.

백의 애니메이션들은 때로는 완곡하면서 때로는 분명한 환경 보호의 메시지를 담고 있으며, 그런 점에서 교육적인 동시에 실천 지향적이라는 특징을 갖는다. 한 인터뷰에서 그는 "어떤 작품을 제작할 때는 대부분의 관객이 재미있다는 느낌 외에 무엇인가를 '배웠다'는 느낌을 갖게 만들어야 한다고 생각한다."는 의견을 밝힌 적이 있는데,[3]

2   지오노의 원작 소설도 국내에 번역, 소개되어 있다. 장 지오노, 김경온 옮김, 『나무를 심은 사람』(두레, 2005).

3   박한신, 「프레데릭 백의 애니메이션에 나타난 메타모포시스에 대한 연구」, 동국 대학교 문화 예술 대학원 석사 논문(2001), p. 43에서 재인용.

이러한 그의 목적의식적 접근은 「나무를 심은 사람」이 전 세계의 삼림 재생 운동에 영향을 미침으로써 놀라운 성과를 거두었다(캐나다에서는 이 작품에 감동을 받은 사람들이 전국적인 나무 심기 운동을 추진해 2억 7000만 그루의 나무를 심었다고 한다.). 「나무를 심은 사람」이 거둔 예상 밖의 성공에 고무된 백은 후속 작품인 「위대한 강」에서 캐나다의 당면 현안인 세인트로렌스 강의 수질 오염 문제를 본격적으로 제기하는 활동가적 면모를 보여 주기도 했다.

그의 작품들은 환경 파괴를 가져오는 근대 산업 사회와 인간 중심주의를 비판하고 자연과 조화되는 생태 중심적 윤리를 지지한다는 점에서 생태주의, 그 중에서도 근본 생태론(deep ecology)의 색채를 짙게 깔고 있다.[4] 「환상?」과 「크락!」에서 볼 수 있듯, 그의 작품들은 전통적인 농촌 공동체와 현대 산업 사회를 극적으로 대비시키고 이 중 전자를 찬양하는 구성을 많이 취한다. 「환상?」에 나오는 광대는 자연의 산물들을 각종의 인공품으로 바꾸는 신기한 '마술'(과학 기술)을 부려 아이들의 환심을 사고 이들을 산업화된 도시로 유인하지만, 광대의 정체(산업화의 '음모')를 뒤늦게 꿰뚫어 본 아이들은 그에 맞서 싸우고 자연과 함께하는 원래의 마을을 되찾는다. 「크락!」의 전반부에 나오는 한 가족이 거주하는 농촌 공동체의 목가적이면서도 인간미 넘치는 모습은 후반부에서 그려지는 개인화·분절화·파편화된 도시에서의 생활과 선명한 대비를 이룬다. 결국 그의 작품들에서 농촌 공동체는 친밀한 인간관계, 공동체의 전통문화, 자연과의 조화 등으로 특

4   앤드루 돕슨, 정용화 옮김, 『녹색정치사상』(민음사, 1993).

징지어지는 곳인 반면, 산업 사회는 삭막한 개인주의 문화, 무절제한 소비·향락, 극심한 대기·수질 오염 등이 만연한 곳으로 그려진다. 이러한 그의 시각에는 현대 산업 사회의 문제점을 지적하는 경고성 메시지가 담겨 있다.

그러나 백의 작품들을 떠받치고 있는 인식 틀에는 한계도 분명 존재한다. 혹자는 백의 애니메이션이 전통 사회를 지나치게 미화하고 전통 사회와 산업 사회를 단순한 이분법으로 재단했다고 비판할지 모른다. 요컨대 전통 사회에는 긍정적인 요소만 있고 산업 사회에는 부정적인 요소만 있다는 식의 대비가 과연 가능하겠냐는 것이다. 또한 선진국과 개발 도상국을 막론하고 도시화가 급속히 진행되어 이제 전 세계적으로 도시에 거주하는 인구가 전체의 절반을 넘어선 현재 시점에서 전통으로의 회귀가 대안이 될 수 있을까 하는 의문도 든다. 이런 점에서 백의 작품들이 환경 보호를 위한 구체적인 실천 프로그램으로 전화되기보다는 산업 사회를 살아가는 많은 사람들에게 일종의 '거짓 위안'으로 작용하는 것이 아닐까 하는 우려를 가실 법도 하다. 「나무를 심은 사람」이나 「투 리엥」에서 드러나는 개인주의적 '해법'과 종교적 색채는 이런 우려를 뒷받침한다.

또한 백의 작품들은 자연과 인공을 선명하게 대비시키는 관점에 입각해 있는데, 이는 '자연'이라는 개념(심지어는 자연 그 자체)이 사회적, 문화적 맥락에서 형성되었으며 역사적으로 줄곧 변화해 왔다는 최근 환경사학자들의 주장에 비추어 보면 다소 고답적인 느낌을 준다.[5] 물론 이 말은 자연과 인공을 전혀 구분할 필요가 없다거나 '물리적' 자연이란 전혀 실체가 없다거나 하는 얘기는 아니며, 이 둘의 구분은 환경 보호라는 문제의식에서 하나의 전제 조건이기도 하다. 하지만 '인간의 때가 전혀 묻지 않은' 자연, '경외와 회귀의 대상'으로서의 어머니 자연에 대한 집착은 제임스 러브록(James Lovelock)이 주창했던 가이아(Gaia) 이론이 그렇듯 마치 '양날의 칼'처럼 작용해 오히려 인간의 책임을 축소시키고 환경 파괴를 수수방관할 수도 있다. 이런 점에서 백의 작품들은 (근본)생태주의 담론이 지닌 설득력과 위험을 동시에 잘 보여 주고 있다.

5   김기윤, 「자연, 그 개념은 인간이 만든 것인가」, 《과학과 철학》 11집(2000).

거대한 독재적 기술 vs. 소규모의 민주적 기술

「**미래소년 코난**(未来少年コナン)」
1978년
감독 미야자키 하야오

미야자키 하야오는 「바람계곡의 나우시카」, 「천공의 성 라퓨타」, 「이웃의 토토로」, 「모노노케 히메」 등의 작품으로 국내에도 잘 알려진 일본의 '국민' 애니메이션 감독이다. 그의 작품들은 발표될 때마다 일본 내 영화 흥행 1위를 독차지했고 역대 일본 영화 흥행 순위에서도 「센과 치히로의 행방불명」, 「하울의 움직이는 성」, 「모노노케 히메」가 1~3위를 휩쓸고 있을 정도로 엄청난 대중적 인기를 누리고 있다.[1] 미야자키의 작품들은 한국에서도 지명도가 높았고, 일본 대중문화 개방 이전인 1990년대 초에는 수천 개의 '비짜' 비디오테이프들이 남대

1　「「하울의 움직이는 성」, 日 1500만 명 돌파」, 《연합뉴스》 2005년 5월 3일자.

문과 청계천 등지에서 팔려 나가 우리말 '대본'과 함께 감상되는 컬트적 애호가 문화를 만들었다. 많은 사람들이 그의 작품인 줄 미처 모르고 시청했을 TV 시리즈 「미래소년 코난」은, 이후의 미야자키 애니메이션에서 반복해서 나타나는 생태주의적 세계관의 원형을 찾아볼 수 있는 중요한 작품이다.

「미래소년 코난」의 줄거리는 너무나 잘 알려져 있어 새삼 길게 적는 것은 별 의미가 없을 터이다. "핵무기의 위력을 훨씬 능가하는" 초자력(超磁力) 무기를 사용한 전쟁이 발발해 인류의 대부분이 죽고 대륙들이 모두 바다 속으로 가라앉아 버린 '대격변'으로부터 20년이 지난 2028년이 작품의 배경이다. 살아남은 소수의 인간들은 인더스트리아(Industria)와 하이하버(High Harbor)라는 두 개의 섬으로 나뉘어 반목하고 있다. 인더스트리아의 행정 국장인 레프카는 태양 에너지의 권위자인 라오 박사를 찾아 이를 부활시킴으로써 다시금 전 세계를 지배하려는 야심을 품고 하이하버에 살고 있던 박사의 손녀 라나를 납치해 협박한다. 홀로 남은 섬에 불시착한 생존자인 할아버지와 함께 살아가던 코난은 라나와 운명적으로 조우한 후 인더스트리아와 하이하버를 오가며 이런 음모를 저지하기 위해 동분서주한다.[2]

줄거리를 보면 알 수 있듯이 「미래소년 코난」은 SF에서 이른바 '재앙 이후(post-catastrophe)' 장르에 속하는 작품이다. 이는 핵전쟁이나 그와 유사한 수준의 재난이 발생해 인류가 거의 멸망하고 소수의 사

---

2   「미래소년 코난」의 각 화별 줄거리를 포함해 작품의 제작 과정에 얽힌 각종의 시시콜콜한 정보들은 황의웅, 『1982, 코난과 만나다』(스튜디오본프리, 2003)나 타카라지마샤 편, 『미래소년 코난 완전독본』(대원씨아이, 2005)에 상세히 나와 있다.

람들만이 살아남는다는 모티브로서, 그 속에는 핵무기의 등장과 냉전기의 군비 경쟁으로 인해 고조된 묵시록적 미래 전망이 반영되어 있다. 「미래소년 코난」은 미국 작가 알렉산더 케이(Alexander key)가 1970년에 발표한 청소년용 SF 소설 『거대한 해일(*The Incredible Tide*)』에서 주요 인물과 기본 설정을 상당 부분 빌려 왔는데, 원작 소설에서는 미-소 냉전이 극에 달했던 시기의 체제 대결과 위기의식을 좀 더 분명한 형태로 찾아볼 수 있다.[3]

그러나 「미래소년 코난」은 미야자키의 독특한 관점을 반영해 여러 중요한 점에서 원작인 『거대한 해일』과 차이를 보인다. 그 중 가장 대표적인 것은 인더스트리아와 하이하버의 대립을 바라보는 시각이다. 원작에서 인더스트리아는 냉전기의 소련에 대한 서구권의 시각을 연상시키는 전체주의 사회로, 하이하버는 인더스트리아에 복속될 위기에 처한 궁핍한 농촌 공동체 정도로 각각 그려지고 있다. 반면 미야자키는 인더스트리아를 거대한 삼각탑을 상징으로 하는 구체제 기계 문명의 유물로 형상화하고 그와 대처점에 놓인 하이하버는 모든 사람이 동등하게 노동에 참여하는 이상적이고 풍요로운 생태 공동체로 격상시켰다. 이와 같은 각색은 미야자키의 생태주의적 세계관을 뚜렷하게 드러내면서 이후 그의 행보를 예감케 하고 있다.

「미래소년 코난」에서 눈여겨볼 만한 부분은 기술을 바라보는 시각이다. 우선 이 작품은 우리가 오늘날 분산적인 재생 가능 에너지

<hr>

3 케이의 원작 소설은 절판되어 지금은 매우 구하기 힘든 희귀본이 되었지만 인터넷상에서 pdf나 doc 파일로 비교적 쉽게 구해 볼 수 있다. pdf 포맷은 http://hinomaru.megane.it/cartoni/Conan/Tide. pdf에서 다운로드할 수 있다.

NASA가 1976년에 구상한 태양 에너지 인공위성. 지구로 에너지를 보내는 마이크로파 전송 안테나 구조물이 보인다.

의 대표 주자 격으로 여기는 태양 에너지를 구체제 멸망의 원흉으로 단정 짓고 있다는 점에서 주목할 만하다. 여기서 태양 에너지는 건물의 지붕을 덮는 태양 전지판과 같은 형태의 소규모 에너지원이 아니라 지구를 도는 거대한 인공위성으로부터 삼각탑으로 막대한 에너지가 송출되는 거대 기술 시스템이자, '기간트'와 같이 엄청난 전쟁 무기를 가동시키는 동력원으로 그려지고 있다. 흥미로운 것은, 태양 에너지를 이렇게 거대한 기술 시스템의 형태로 이용하려는 계획이 1960년대 말에 실제로 제기되어 소규모의 연구 개발 프로젝트가 진행되기도 했으며(작품에서의 묘사 역시 이런 계획에서 힌트를 얻었을 것이다.), 현재에도 지구 온난화의 진척을 늦추기 위한 미래의 방안 중 하나로 고려되고 있다는 사실이다.[4] 이는 특정한 기술의 유형이나 속성 그 자체가 그것의 형태와 사회적 이용 방식을 자동으로 결정짓는 것은 아님을 새삼 일깨워 준다.

그렇다면 인더스트리아의 기술과 하이하버의 기술을 구분 짓는 가장 중요한 특징은 무엇인가? 그것은 무엇보다도 기술의 규모와 통제 방식에서 찾을 수 있는데, 이 점에서 「미래소년 코난」은 루이스 멈퍼드(Lewis Mumford)를 위시한 1960년대의 비관적 기술 사상가들의 이상을 떠올리게 한다. 멈퍼드는 기술을 크게 '독재적 기술'과 '민주적 기술'로 나누고, 오늘날의 사회에서는 시스템 중심이고 중앙 집중적인 관료 체제에 의해 통제되며 엄청나게 강력한 힘을 지닌 독재적 기술 — 현대 사회에 와서 특히 두각을 나타내고 있는 — 이 인간의 숙련에 기반하고 소규모의 생산 방식에 적합하며 높은 적응 가능성을 지닌 민주적 기술 — 지금까지 모든 문화권들을 역사적으로 떠받쳐 온 — 을 위협하고 있다고 주장했다. 그는 핵폭탄, 우주 로켓, 컴퓨터를 만드는 과학자들을 "우리 시대의 피라미드 제작자"에 비유하면서, 이제 시스템 그 자체를 무조건적으로 수용하는 것에 내재한 위험과 문제점을 직시할 때가 왔다고 역설했다.[5]

이러한 후기 멈퍼드의 관점을 거의 판박이한 「미래소년 코난」의 대립 구도는 오늘날의 기술을 바라보는 중요한 시각을 제공하고 있다. 그러나 시스템화된 현대의 기술을 모두 '악'으로 간주하고 전통적인 수공업적 기술을 '선'으로 이상화시키는 이분법적 관점에 내재한 한계를 간과하기는 어렵다. 그러한 본질주의적 관점은 한편으로 기술에 대한 비판적 사고를 고양시키지만, 다른 한편으로 기술의 민주적·생태적 '재구성'의 모색을 어렵게 만드는 측면도 있기 때문이다. 결국 「미래소년 코난」은 시의적절한 문제 제기임과 동시에 극복의 대상이기도 한 기술관(觀)을 나타내고 있다.

"The Politics of Pessimism: Science and Technology Circa 1968," Yaron Ezrahi, Everett Mendelsohn, and Howard P. Segal (eds.), *Technology, Pessimism, and Postmodernism* (Dordecht: Kluwer, 1994), pp. 151-173.

과학을 하는 '여성적 방식'은 과연 존재하는가?

「정글 속의 고릴라(Gorillas in the Mist)」
1988년
감독 마이클 앱티드

「정글 속의 고릴라」는 여성 영장류학자 다이앤 포시(Dian Fossey)의 일대기를 다룬 일종의 선기 영화이다. 포시는 1985년에 생을 마감할 때까지 19년 동안 아프리카 르완다의 비룽가 화산 분화구 인근에서 마운틴고릴라를 연구하면서 이를 멸종 위기에서 보호하기 위해 정력적인 활동을 전개했던 인물이다. 그녀는 인류학자 루이스 리키(Louis Leakey)가 발굴해 영장류에 대한 독창적인 관찰 성과로 전 세계적 명성을 얻은 3명의 여성 과학자 ─ 영장류(primates)에 3을 의미하는 접두사(tri-)를 붙여 일명 "Trimates"로 불리는 ─ 중 한 사람으로 잘 알려져 있다. 포시 외의 다른 두 사람은 아프리카 탄자니아에서 침팬지를 연구하고 있는 제인 구달(Jane Goodall)과 인도네시아의 보르네

오 열대 우림에서 오랑우탄을 연구하고 있는 비루테 갈디카스(Biruté Galdikas)이다.[1]

비서 학교만 나온 후 대학 졸업장도 없이 아프리카로 건너갔던 구달도 그랬지만, 포시 역시 정통적인 과학도로서의 길을 걸었던 인물은 아니었다. 그녀는 원래 수의사가 되기를 희망했지만 화학과 물리에서 낙제를 하는 바람에 물리 치료사로 진로를 바꾸었고, 대학을 졸업한 후 리키의 소개로 아프리카로 건너가기 전까지 10여 년 동안 장애 아동을 돌보는 물리 치료사로 일했다. 1967년 초에 자리 잡은 콩고에서 6개월도 안 돼 내전으로 쫓겨난 그녀는 이웃한 르완다로 자리를 옮겨 카리소케 마운틴고릴라 연구 센터를 설립해 본격적인 연구를 시작했고, 고릴라의 삶에 대해 이전까지 알려져 있지 않았던 여러 새로운 사실들을 관찰했다. 예를 들어 그녀는 암컷 고릴라가 한 집단에서 다른 집단으로 이동한다는 점, 수컷 고릴라가 교미 시 암컷을 흥분시키기 위해 새끼를 죽이기도 한다는 점, 고릴라는 영양분 재활용을 위해 자신의 똥을 다시 주워 먹기도 한다는 점, 코의 생김새를 보고 고릴라 개체를 서로 구분할 수 있다는 점 등을 새로 알아내었다. 그녀의 이러한 관찰 결과는 그보다 10년 정도 앞서 마운틴고릴라 집단을 관찰했던 조지 샬러(George Schaller)의 연구와 함께 마운틴고릴라 연구라는 분야의 기틀을 정립했다.[2]

1   세 여성 영장류학자에 관한 설명으로는 Virginia Morell, "Called 'Trimates,' Three Bold Women Shaped Their Field," *Science* 260(16 April 1993), 420-425; 사이 몽고메리, 김홍옥 옮김, 『유인원과의 산책』(르네상스, 개정2판, 2003)을 참조하라.

2   몽고메리, 위의 책.

그러나 그녀의 연구가 이전과 진정으로 달랐던 점은 새로 발견한 사실들보다는 그녀가 취한 연구 방법론에 있었다. 그녀는 연구 대상과 일정한 거리를 두고 관찰하거나 실험실에서 특정한 조건을 만들어 '실험'을 한 후 그 결과를 통계적으로 분석하던 영장류학의 주류 방법론을 무시하고 고릴라 집단과 "함께 살았"고 그들과 서로 '교감(empathy)'을 나누었다. 그녀는 영장류 집단을 총합적으로 다루는 대신 그들의 개체성(individuality)을 중시했고, 각각의 개체들에 이름을 붙여 준 후 이들의 생활사가 집단에 미치는 영향을 줄곧 지켜보는 식으로 연구를 진행했다.[3] 이러한 그녀의 방법론은 구달로부터 영향을 받은 것으로, 1970년대 초반에 영장류 연구에 합류한 갈디카스 역시 이러한 방법론을 공유했다.

하지만 연구 대상에 감정적으로 몰입하는 포시의 방법론에는 위험도 따랐다. 그녀는 자신이 '디지트(Digit)'라는 이름을 붙여 준 수컷 고릴라와 특히 큰 친밀감을 느꼈는데, 이러한 친밀감과 그녀의 불같은 성격 탓에 그녀는 생계유지를 위해 야생 동물을 밀렵히 는 지역 부족들과 적대적 관계가 되었고 1977년에 디지트가 밀렵꾼들에 의해 잔인하게 살해를 당한 이후 관계는 더욱 악화되었다. 그녀는 비룽가 지역에서 자신이 곧 법인 양 행동했으며, 밀렵꾼들을 구타하고 그들의 소유물에 불을 지르는 등 사적인 응징을 가했다. 심지어 그녀는 마녀 가면을 쓰고 분장을 한 후 마법을 쓰는 흉내를 내어 밀렵꾼들을 겁주는 고도의 심리 전술을 쓰기까지 했다. 말하자면 그녀는 '아

---

3   Morell, 앞의 글.

프리카식 전술'로 고릴라 밀렵에 맞서고 있었던 것이다. 이 때문에 그녀는 1979년 르완다 정부로부터 강제 출국 명령을 받고 3년간 그곳을 떠나 있기도 했다(영화의 밑그림을 제공한 포시의 책 『안개 속의 고릴라(*Gorillas in the Mist*)』는 그녀가 르완다를 떠나 미국에 체류했던 시기에 집필되었다.). 그러나 과학계로부터 격렬한 비난을 초래했던 이러한 전술 — 그녀 자신이 "적극적 자연 보호"라고 불렀던 — 은 결국 그녀의 목숨을 앗아 가고 말았다. 1983년에 카리소케로 돌아온 그녀는 2년 후 자신의 막사 안에서 잔혹하게 살해 당했고, 그녀의 죽음은 아직까지도 미스터리로 남아 있다.[4]

「정글 속의 고릴라」를 보면서 고민해 봄직한 문제 중 하나는 여성 과학자와 과학을 하는 '여성적 방식(female style)'을 둘러싼 논란이다. 1960년대 초 과학계에서의 성 평등 문제가 본격적으로 제기된 이래 여성 과학 교육과 여성 과학자를 지원하기 위한 많은 프로그램들이 새로 생겨났고, 그 결과 많은 수의 여성 과학자들이 새로 과학계에 진입했다. 이들은 상당수의 과학 분야들에서 남성 중심인 기존 과학계의 흐름에 변화를 가져왔는데, 그러한 변화가 가장 극적으로 나타났던 사례가 바로 포시가 속했던 영장류학이었다. 영장류학에서는 1970년대부터 구달, 포시, 갈디카스 등을 전범(典範)으로 삼아 여성

---

4   영화는 여기서 설명한 다이앤 포시(시고니 위버)의 삶의 궤적을 대체로 충실히 따르고 있지만, 사실과는 다르게 각색된 부분도 있다. 가장 두드러진 점은 영화에서 포시의 가이드이자 중요한 조력자로 등장하는 수색자 셈바가리(존 오미라 밀루위)에 해당하는 인물을 포시의 책 『안개 속의 고릴라』에서는 찾아볼 수 없다는 것이다. Brian E. Noble, "Politics, Gender, and Worldly Primatology: The Goodall-Fossey Nexus," in Shirley Strum and Linda Fedigan (eds.), *Primate Encounters: Models of Science, Gender, and Society* (Chicago: University of Chicago Press, 2000), pp. 436-462.

들이 대거 진입했고, 오늘날에는 여성들이 기성학자의 절반 이상, 새로 배출되는 박사 학위 수여자의 80퍼센트를 차지할 정도로 막대한 비중을 차지하고 있다. 여성 영장류학자들의 참여는 여러 가지 측면에서 영장류 사회를 이해하는 방식을 근본적으로 바꿔 놓았는데, 영장류 사회에서 그간 사실상 무시되었던 암컷의 능동적 역할이 새롭게 조명된 것이 하나의 예이다.[5]

그런데 이러한 변화가 일어난 이유가 과학을 하는 '여성적 방식' — 예컨대 연구 대상과 정서적으로 '교감'하는 식의 — 이 따로 존재하기 때문인가 하는 물음에 대해서는 학자들 간에 날카롭게 의견이 갈린다. 대다수의 남성 학자들을 포함한 상당수 영장류학자들이 "진정한 지식, 진정한 과학에는 성별(gender)이 없다."는 주장을 펴고 있는 데 반해, 다른 많은 영장류학자들은 성별이 연구 대상을 바라보는 눈, 대상을 대하는 태도에 영향을 준다는 사실을 인정하고 있는 것이다.[6] 두 입장 가운데 어느 쪽이 옳은지는 아직 결론이 내려지지 못했지만, 영장류학이 여성에게 개방적으로 바뀌면서 그 내용이 더욱 풍부해지고 이해의 새로운 지평이 열린 것만큼은 분명해 보인다. 이는 과학이 기존의 남성 중심에서 벗어나 여성을 비롯한 소수 집단

5   여성의 참여가 영장류학에 미친 영향에 관해서는 Londa Schiebinger, *Has Feminism Changed Science?* (Cambridge, Mass.: Harvard University Press, 1999), pp. 127-136; Linda Marie Fedigan, "The Paradox of Feminist Primatology: The Goddess's Discipline?" in Angela Creager, Elizabeth Lunbeck, & Londa Schiebinger (eds.), *Feminism in Twentieth-Century Science, Technology, and Medicine* (Chicago: University of Chicago Press, 2001), pp. 46-72; Virginia Morell, "Seeing Nature through the Lens of Gender," *Science* 260(16 April 1993), 428-429 등에서 자세히 다루고 있다.

6   Morell, 주 5의 글.

에 더욱 개방적이어야 하는 이유를 제시해 주고 있다.

독성 폐기물 유출 피해에 맞서는 지역 주민의 활동

「**시빌 액션**(A Civil Action)」
1998년
감독 스티븐 자일리언

「시빌 액션」은 미국 매사추세츠 주 우번에서 실제 일어났던 환경 소송 사건을 영화화한 것이다. 우번은 보스턴에서 북쪽으로 30킬로미터 정도 떨어진 인구 3만 7000명의 작은 도시인데, 이곳에서는 1960년대 중반부터 15년간에 걸쳐 평균치를 훨씬 웃도는 28명의 소아 백혈병 환자가 발생했다. 주민들은 이것이 인근의 공장 부지에서 흘러나온 독성 폐기물로 인해 수돗물이 오염되었기 때문이 아닌가 의심했고, 1979년 5월 도시를 관통해 흐르는 애버조나 강 인근 공터에 독성 폐기물을 담은 수백 개의 드럼이 불법 매립된 것이 발견됨으로써 이러한 심증은 더욱 굳어지게 되었다. 이에 주민들은 도시에 식수를 공급하는 우물에 인접한 대기업인 W. R. 그레이스 사와 비어트리스 식품을 오염원으로 지목해 소송을 제기했다.[1] 영화는 1982년부터 1990년까지 거의 10년을 끌었던 소송 과정을 우번 주민들의 소송 담당 변호사였던 잰 슐릭만(존 트라볼타)의 관점에서 풀어 가고 있다.

「시빌 액션」은 기본적으로 변호사를 주인공으로 하는 법정 드라마 장르의 외양을 띠고 있다. 그러나 정의감에 불타는 신출내기 변호사가 등장해 갖은 고초를 겪은 후 '불의와 음모에 맞서 결국에는 정의가 승리'함을 보여 주는 존 그리샴류의 통상적인 법정 드라마와는 달리, 이 영화는 현실 속에서 법적 절차와 정의가 종종 불화함을 시사한다. 여기서 주인공은 본래부터 '정의'를 금지옥엽처럼 떠받들었던 인물도 아니며, 마지막에 '승리'를 얻어 내지도 못하는 모습으로 그려진다.

우번 소송은 개인 상해 사건 분쟁 소송을 주로 맡아 왔던 슐릭만의 소규모 법률 회사(변호사가 고작 3명에 불과한)와 미국 내에서 가장 규모가 크고 권위 있는 두 개의 법률 회사(각각 수백 명의 변호사를 거느린)가 서로 맞붙은, 그야말로 다윗과 골리앗의 싸움이라 할 만한 법정 투쟁이었다. 이 대결에서 슐릭만의 법률 회사는 파산 직전에 이를 때까지 가능한 모든 자원을 쏟아부었음에도 불구하고 그 몇 곱절의 돈을 퍼부은 그레이스와 비어트리스 사를 법정에서 단죄하는 데 실패했고, 그레이스 사로부터만 800만 달러의 합의금을 받아 내는 데 그치고 말았다. 이후 조사를 통해 1심 재판 당시 중요한 증거가 은폐

---

1   우번 사건의 역사에 대한 좀 더 상세한 서술로는 Phil Brown and Edwin J. Mikkelsen, *No Safe Place: Toxic Waste, Leukemia, and Community Action* (Berkeley: University of California Press, 1990)의 1장을 참고하라. 이 책은 1997년에 새로 서문을 추가한 개정판이 출간되었다.

되었음을 알게 된 슐릭만은 비어트리스 식품에 대한 무혐의 판결에 항의해 항소 법원, 대법원에까지 상고해 보았지만 무위로 돌아갔다. 그러나 영화의 에필로그에도 나오듯이, 1990년대 들어 미국 환경 보호청(Environmental Protection Agency, EPA)이 그레이스와 비어트리스 양사에 대해 소송을 제기하여 해당 공장을 폐쇄하고 향후 50년간 우번 지역의 오염을 정화하는 비용으로 6940만 달러를 분담하는 합의를 이끌어 냄으로써 수십 년간에 걸친 우번 주민들의 노력은 절반의 성공을 거둔 셈이 되었다.

이 영화는 논픽션 작가 조너선 하(Jonathan Harr)가 1995년에 발표해 베스트셀러가 된 동명의 작품에 기반해 만들어졌다.[2] 작가는 『시빌 액션(*A Civil Action*)』의 집필을 위해 무려 8년간의 자료 조사와 인터뷰를 했다고 밝히고 있다. 그러나 이 작품은 법정 소송 과정에 초점을 맞춤으로써 우번 사건의 당사자인 지역 주민들의 활동을 상대적으로 소홀하게 다루었고, 이러한 약점은 영화에도 그대로 반영되어 있다.[3] 영화 「시빌 액션」에서 지역 주빈들은 백혈병으로 사랑하는 자녀를 잃고 나서 돈이 아닌 정의를 갈구하는 인물들로 묘사되고 있지만, 그럼에도 불구하고 소송을 위한 변호사를 선임하는 것 외에는 거의 아무런 적극적 역할도 하지 않는 것으로 그려진다. 이는 상당히 아쉬운 점인데, 왜냐하면 우번 사건에서 가장 눈여겨볼 만한 점 가운

---

2   이 작품은 국내에 번역, 출간되어 있다. 조나단 하, 김인숙·은정 옮김, 『시빌 액션』(김영사, 1999).

3   작가 조너선 하 역시 이 점을 인정하고 있다. 그는 지역 주민들의 활동에 초점을 맞추어 우번 사건을 기술한 *No Safe Place*의 1997년 개정판 서문을 썼는데, 거기서 "어떤 측면에서 보면 이 책이 나 자신의 책보다 더 중요한 책이라고 생각한다."고 고백하고 있다.

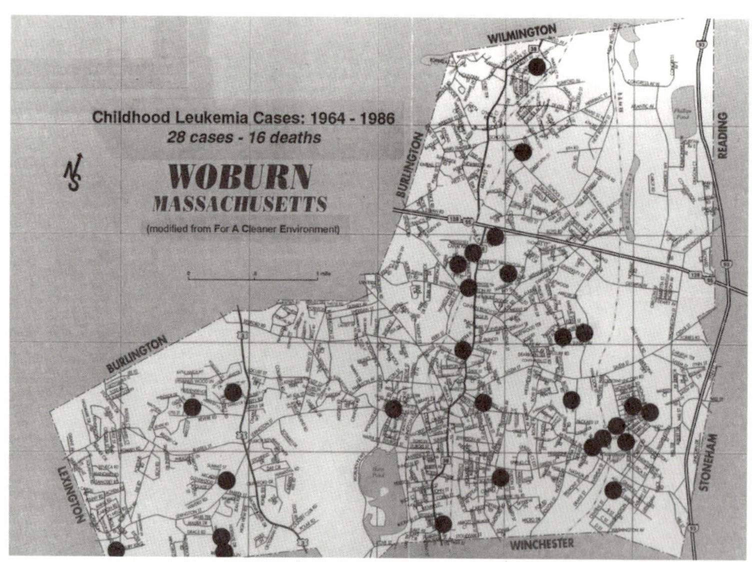

지역 주민 단체인 FACE가 자체 조사해 만든 백혈병 환자 분포 지도.

데 하나가 문제 제기부터 대중적 홍보, 연구 수행에 이르는 전 과정에서 지역 주민들이 적극적으로 참여해 결정적인 역할을 했다는 사실이기 때문이다.

지역 주민들은 당국이 대수롭지 않게 다루던 식기세척기의 변색과 수돗물의 악취 및 이상한 맛이 소아 백혈병과 연관이 있을지 모른다는 가설을 1972년에 처음 생각해 냈다(지역 도서관 사서로 일했고 영화에도 주요 인물로 등장하는 앤 앤더슨(캐슬린 퀸란)이 바로 그 주인공이다. 그녀의 아들 지미 앤더슨은 1972년에 백혈병 진단을 받았고 1981년에 사망했다.). 1979년에 독성 폐기물을 담은 드럼이 발견되어 사건이 공론화되자 그들은 FACE(For a Clean Environment)라는 조직을 만들었고, 자체적으로 신문 광고를 내어 백혈병 환자의 사례를 조사해 그 분포를 그려 내는 한편 이를 근거로 지역 보건 당국과 질병 통제 센터 (Center for Disease Control, CDC)의 공식 조사를 요구했다. 공식 조사가 분명한 결론을 내리지 못하고 미흡하게 끝나자, 그들은 하버드 대학교 공중 보건 대학원의 몇몇 과학자들과 협력해 우번 지역에 대한 광범한 역학(疫學) 조사를 실시함으로써 독성 폐기물과 다양한 출산 및 유아기 이상(사산, 시력/청력 이상, 중추 신경계/염색체/구강 이상 등) 간의 관계를 규명해 냈다. 이 연구에서는 300명의 지역 주민들이 간단한 교육을 받고 자원 활동으로 참여해 우번 전체 인구의 57퍼센트에 해당하는 5010가구에 대한 역학 조사를 담당했다. 영화에서 초점을 맞추고 있는 법정 소송의 배경에는 이미 이러한 성과들이 있었던 것이다.

하버드 공중 보건 대학원과 FACE의 공동 연구는 처음에 관련 전문가 단체들로부터 많은 비판을 받았는데, 이는 일반인의 앎의 방식(ways of knowing)과 전문가의 앎의 방식의 차이를 드러내 주는 흥미로운 사례를 보여 주고 있다. 독성 페기물 지역 운동에 대해 다년간 연구해 온 필 브라운(Phil Brown)은 지역 주민들이 전문가들과 함께 직접 참여해 역학 연구를 수행한 이러한 경우를 가리켜 "대중 역학(popular epidemiology)"이라고 부르면서 이것이 전문가 중심의 통상적인 역학 연구와 여러 가지 측면에서 다르다는 점을 지적한 바 있다. 가령 대중 역학은 과학의 가치 중립성을 전제로 하지 않으며, 정치 경제적 요인들에 좀 더 주목하고, 사회 운동을 그 속에 포함하는 실천적인 성격을 띤다. 또한 대중 역학은 증거의 기준을 놓고 형식에 덜 얽매인 사고를 하는데, 특히 '통계적 유의미성'의 개념을 둘러싸고 기존의 역학 전문가들과 견해 차이를 보이는 수가 많다.[4] 이러한 우번 주민들의 활동을 두고 과학 사회학자 대니얼 리 클라인맨(Daniel Lee Kleinman)은 '과학 기술 민주화'의 일부를 구성하는 지식 생산의 민주화를 잘 보여 주는 사례라고 평가하기도 했다.[5] 영화에는 빠져 있는 이러한 부분들을 채워 넣어 가면서 「시빌 액션」을 본다면 아마도 더욱 흥미로울 것이다.

4　Brown and Mikkelsen, *No Safe Place*: 일반인과 역학 전문가 사이의 이해(연구) 방식의 차이에 초점을 맞추어 서술한 논문으로는 Phil Brown, "Popular Epidemiology Challenges the System," *Environment* 35:8 (October 1993), 16-20, 32-41가 있다.

5　대니얼 리 클라인맨, 「과학 기술의 민주화」, 대니얼 리 클라인맨 엮음, 김명진 외 옮김, 『과학 기술 민주주의』(갈무리, 2012), pp. 239-279.

유용한 '교육적 도구'인가, 현실 도피적 왜곡인가

「투모로우(The Day After Tomorrow)」
2004년
감독 롤랜드 에머리히

지구 온난화는 매우 골치 아픈 양면성을 가진 주제다. 오늘날에는 많은 사람들이 지구 온난화를 일으키는 온실 효과가 화석 연료를 태울 때 나오는 이산화탄소에 의해 생긴다는 사실을 알고 있다. 그러나 정작 지구 온난화가 가속화되었을 때 어떤 구체적인 문제가 발생할 수 있는지, 그리고 그런 사태를 미연에 방지하려면 대체 무슨 일을 해야 하는지 알고 있는 사람은 훨씬 적다. 지구 온난화에 대한 언론의 관심은 최근 들어 일견 높아진 듯하지만, 이 문제와 관련된 일회성 사건이 생길 때 보도가 반짝 증가할 뿐 지속적이고 심층적인 보도는 거의 이루어지지 못하고 있다. 이러한 상황은 지구 온난화에 대한 미온적인 정책적 대응으로 자연스럽게 이어져 이 문제에 대한 전 지구적 차원의 공동보조 노력은 지지부진하기 짝이 없다. 왜 이런 상황이 빚어졌을까?

과학사학자 스펜서 웨어트(Spencer R. Weart)는 지구 온난화 과학의 역사를 다룬 자신의 저서에서, 이 물음에 대한 한 가지 답변을 내놓고 있다. 즉, 전 세계의 '이미지 제작자'들이 기후 변화가 진정 의미하는 바가 무엇인지에 대해 생생한 상을 대중에게 제공하지 못했다는 것이다. 그는 자신이 연구했던 또 다른 주제인 핵에 대한 공포[1]와 지구 온난화를 서로 비교한다. 잘 알려진 바와 같이, 1950년대 이후 오늘날까지 핵전쟁으로 인한 인류 절멸의 위협에 대해 숱하게 많은 일급의 소설과 영화들이 많은 사람들의 시선을 사로잡았고, 이는 사람들이 핵의 위협을 막연한 공상이 아닌 현실의 문제로 받아들이고 대응책을 모색하게 하는 데 중요한 기여를 했다. 반면 지구 온난화의 경우에는 그렇지 못했고, 몇 안 되는 SF 소설과 저예산으로 만들어진 영화들 — 과학적으로 의심스러운 거대 폭풍이나 해수면의 급격한 상승 등이 닳아빠진 액션 줄거리의 배경으로 활용된 — 에서 이 문제를 다루었을 뿐이다. 이 때문에 일반 대중은 우리가 실제로 맞닥뜨린 문제에 대한 설득력 있고 인간화된 고난의 이야기를 들을 기회가 없었다는 것이 웨어트의 생각이다.[2]

---

1 Spencer R. Weart, *Nuclear Fear: A History of Images* (Cambridge, Mass.: Harvard University Press, 1988). 이 책은 최근 수정 증보판이 출간되었다. Spencer R. Weart, *The Rise of Nuclear Fear* (Cambridge, Mass.: Harvard University Press, 2012).

2 Spencer R. Weart, *The Discovery of Global Warming* (Cambridge, Mass.: Harvard University Press, 2003), p. 182. 2008년에 출간되어 국내에 번역된 이 책의 2판에서도 웨어트의 이런 평가는 크게 달라지지 않았다. 스펜서 웨어트, 김준수 옮김, 『지구 온난화를 둘러싼 대논쟁』(동녘사이언스, 2012), p. 241.

그렇다면 2004년에 개봉해 미국에서만도 2억 달러 가까운 흥행 수익을 올린 블록버스터 영화 「투모로우」는 웨어트가 기대했던 그런 영화가 될 수 있을까? 영화의 중심에는 고기후학자인 잭 홀(데니스 퀘이드)이 있다. 그는 담수의 대규모 유입으로 인한 북대서양 해류의 중단이 과거 빙하기를 불러온 원인이라는 모델을 제시하면서, 현재 진행 중인 지구 온난화가 또 다른 빙하기로 향하는 급격한 기후 변화를 불러올 수 있다고 경고한다. 뒤이어 파국의 도래를 알리는 기상 이변(아열대 지역의 폭설, 머리통만 한 우박, 초거대 토네이도의 내습, 거대 해일로 인한 해안 도시 초토화)이 지구 곳곳을 강타하고, 허리케인과 같은 거대한 폭풍우의 눈(目)을 따라 성층권의 차가운 공기가 빠른 속도로 하강하면서 북반구 대부분이 순식간에 얼어붙어 버린다. 미국 중·남부의 주민들이 멕시코로 피난하려 아우성을 치는 가운데, 홀은 뉴욕시 공공 도서관에 갇힌 아들을 구하기 위해 목숨을 건 여정에 나선다.

이 영화를 본 많은 사람들은 과연 지구 온난화가 새로운 빙하기를 불러올 수 있다는 영화의 기본 전제가 과학적으로 얼마나 신빙성 있는 것인가 하는 궁금증부터 먼저 갖게 될 것이다. 결론부터 말하자면, 빙하가 녹아 해수의 염도가 떨어짐으로써 밀도가 낮아진 물이 가라앉지 않게 돼 멕시코 만류(Gulf Stream)의 대순환이 중단되고 이로써 북반구의 기후 변화가 유발될 수 있다는 대전제는 이미 관련 연구들에 의해 뒷받침된 '훌륭한 과학'이다.[3] 좀 더 구체적으로는 현재로부터 1만 3000년 전쯤에 우리가 살고 있는 간빙기의 진전을 일시적

3 Kris Wilson, "Movie Review: *The Day after Tomorrow*," *Science Communication*, 26:2(2004), 227-229.

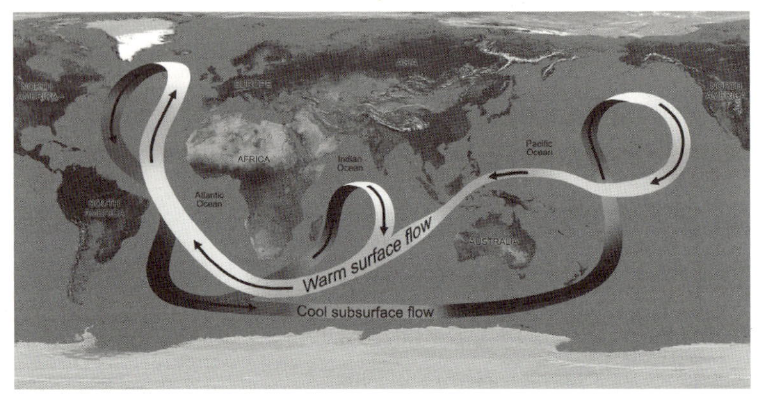

멕시코 만류를 포함한 전 세계 해류의 흐름. 대양에서는 따뜻한 표층 해류와 차가운 심층 해류가 합쳐져 흔히 '해양 컨베이어 벨트'로 불리는 거대한 대순환을 이루는데, 빙하가 녹아 이것이 중단되면 기상 이변이 닥칠 수 있다.

으로 가로막았던 소빙하기인 영거 드라이아스(Younger Dryas)기가 이런 이유 때문에 시작되었을 것으로 흔히 추측되고 있다.[4] 그러나 그와 같은 북반구의 급격한 기후 변화가 지금 당장 시작될 수도 있고, 그것도 불과 6주 만에 진행될 수 있다는 영화의 설정은 얼토당토않은 것이다(현재까지 알려진 바로는 아무리 '급격한' 기후 변화라 해도 진행되는 과정이 수십 년은 걸린다.). 2004년 2월에 미 국방성의 연구자 2명이 영화와 상당히 유사한 상황이 앞으로 15년 이내에 시작될 수도 있다는 경고를 내놓았지만, 이들의 견해는 실현 가능성이 극히 희박한 문외한의 견해로 받아들여지고 있다.[5]

4   김경렬, 「바다를 알면 기후가 보인다」, 《주간동아》 441호(2004년 7월 1일자), 66-67. 〔http://www.donga.com/docs/magazine/weekly/2004/06/25/200406250500017/200406250500017_1.html〕

5   Fred Pearce, "Scientists stirred to ridicule ice age claims," NewScientist.com news

그러나 이러한 시나리오의 실현 가능성보다 정작 더 흥미로운 것은 이 영화에 대한 과학자들의 의견 대립이다. 「투모로우」의 개봉을 전후해 이 분야의 과학자들은 입장이 크게 둘로 나뉘었다. 한쪽에는 이 영화가 지구 온난화 문제의 진정한 위험에 대해 대중의 경각심을 높이는 "훌륭한 교육적 도구"가 될 수 있다는 입장이 있었다. 그들은 영화나 소설 같은 픽션에서 과장은 문학적 장치로 흔히 쓰이는 수법이며, 따라서 과학적인 '부정확성'을 이유로 이 영화를 비판하는 것은 온당치 못하다고 주장했다. 영화란 으레 그런 것이므로 이 속에 숨은 오류를 비판하기보다는 이를 과학에 대한 이해를 제고하는 계기로 삼아야 한다는 것이다.[6]

반면 이 영화에 비판적인 과학자들은 「투모로우」에서 국지적 기상 이변(폭설, 우박, 토네이도, 해일)과 지구 온난화를 연결시켜 묘사한 것은 전 지구적 경향성에 초점을 맞추고 있는 현재의 지구 온난화 모델을 잘못 이해한 소치이며, 이는 사람들이 지구 온난화로 인해 빚어질 수 있는 진짜 문제들(흉작에 따른 기아 사태, 열대성 질병의 창궐, 해수면 상승으로 인한 해안 지대 침수)을 이해하는 데 오히려 장애물로 작용할 수 있다고 주장했다. 지구 온난화 문제에 대한 왜곡된 인식을 만들어냄으로써 문제의 해결을 더욱 꼬이게 만들 수 있다는 얘기다. 한 일간지의 과학 전문 기자는 할리우드 영화들의 과학 왜곡 실상에 분통을

service (15 April 2004). 〔http://www.newscientist.com/article.ns?id=dn4888〕

6   Stefan Rahmstorf, "Hooray for Hollywood," *New Scientist*, No. 2449 (29 May 2004): 18; J. Justin Gooding and Katharina Gaus, "Yet even flawed films raise interest in research," *Nature*, 431 (16 September 2004): 244.

터뜨리면서, "만약 할리우드에서 당신네 실험실에 전화를 걸어 오면 바로 끊어 버리라."고 일갈하기도 했다.[7]

과연 어느 쪽 얘기가 옳을까? 이 물음에 대한 해답의 단초는 미국과 유럽에서 「투모로우」를 본 관객들이 보인 반응을 비교한 흥미로운 연구 결과에서 찾아볼 수 있다. 독일과 미국에서 각각 이루어진 연구들에 따르면, 독일에서는 이 영화를 본 사람들이 관람 후에 지구 온난화에 대한 확신의 정도가 상당히 감소한 반면, 미국에서는 영화를 본 후 지구 온난화 문제에 대해 더 걱정하게 되었다고 답한 사람이 많았다. 즉, 독일에서는 「투모로우」가 지구 온난화 문제에 대한 인식에 오히려 역효과를 일으켰고, 미국에서는 반대로 이에 대한 경각심이 높아지는 효과가 나타났다는 것이다. 이 연구를 수행한 미국 측 연구자는 양국 국민들이 지구 온난화 문제에 대해 갖고 있는 기존의 인식 수준의 차이가 이런 상이한 결과를 빚어냈을 것으로 추측했다. 유럽 사람들은 대체로 기후 변화의 영향에 관한 지식 습득을 통해 일정한 고정 관념(혹서나 홍수 피해)을 이미 갖고 있었기 때문에, 그에 들어맞지 않는 영화에서의 사건 제시(새로운 빙하기의 도래)를 보면서 지구 온난화에 대한 확신이 오히려 흔들렸다. 반면 이 문제에 대해 대체로 무관심하고 '무지'한 미국인들에게는 「투모로우」가 일종의 '깜짝 효과'로 작용해 경각심의 증가를 야기할 수 있었다.[8]

<hr>

7   Wilson, 앞의 글; Keay Davidson, "It's the science that's disaster in the movies," *Nature*, 431 (16 September 2004): 244.

8   Quirin Schiermeier, "Disaster movie highlights transatlantic divide," *Nature*, 431 (2 September 2004): 4.

이렇게 보면 적어도 미국 같은 나라에서는 「투모로우」가 일정하게 '긍정적'인 영향을 미쳤다고 생각할 수도 있다. 그러나 그런 식의 깜짝 효과를 통해 만들어진 경각심은 또 다른 깜짝 효과를 만나면 순식간에 사라져 버릴 수 있다. 충분한 정보 제공과 숙고를 거쳐 만들어진 인식이 아닌 탓에, 그와 상반되는 선전에 취약할 수밖에 없기 때문이다. 2004년 말에 출간되어 미국에서 수백만 부가 팔려 나갔을 정도로 높은 인기를 누린 마이클 크라이튼(Michael Crichton)의 소설 『공포 상태(State of Fear)』를 보면 이를 잘 알 수 있다.[9] 결국 일반 시민을 '우습게' 보고 그들에게 '겁을 줘서' 과학에 대한 인식 제고와 정책적 변화를 꾀하겠다는 식의 발상은 어떤 식으로건 문제를 더욱 악화시킬 가능성이 높다. 여타의 숱한 과학 기술 관련 쟁점들과 마찬가지로, 지구 온난화 역시 일반 시민에 대한 정보 제공과 권한 부여를 통한 시민 참여 없이는 문제 해결이 요원하기만 한 것이다.[10]

9　　Michael Crichton, *State of Fear* (New York: HarperCollins, 2004). 국내에서는 마이클 크라이튼, 김진준 옮김, 『공포의 제국 1, 2』(김영사, 2008)로 번역, 출간되었다. 이 소설이 바탕에 깔고 있는 전제는 지구 온난화 이론이 연구비를 타 내기 위한 기후학자들의 술책과 '어머니 자연'을 보호해야 한다는 환경 단체들의 자기기만이 결탁해 빚어낸 결과물이라는 것이다. 이를 좇아 이 소설은 자신들의 신념을 '입증'하기 위해 태평양에서 수소 폭탄을 터뜨려서 기상 재난(쓰나미)을 인위적으로 일으키려는 에코-테러리스트 집단과 '위험 분석을 전공'한 MIT 교수의 일대 승부를 주요 축으로 하고 있다. 이 소설은 역시 환경 음모론에 근거한 비외른 롬보르(Bjørn Lomborg)의 책 『회의적 환경주의자』의 할리우드판이라는 평가를 받았다. 이에 대한 비판적 리뷰로는 Myles Allen, "A novel view of global warming," *Nature*, 433 (20 January 2005): 198: Jeremy Leggett, "Essay: Making a myth of climate change," *New Scientist*, No. 2489 (5 March 2005): 50: Andrew Jamison, "Lomborg in Hollywood," *EASST Review*, 23:4 (December 2004) [http://people.plan.aau.dk/~andy/new%20Crichton.doc] 등을 보라.

10　　이러한 문제의식에 기반해 유럽에서 진행된 기후 변화 문제 관련 시민 참여 시도들에 대해서는 Bernd Kasemir et al. (eds.), *Public Participation in Sustainability Science: A Handbook* (Cambridge: Cambridge University Press, 2003)을 참조하라.

"미치고, 나쁘고, 위험한" 과학자의 전형

「리애니메이터(Re-Animator)」
1985년
감독 스튜어트 고든

2005년에 영화 속에 나타난 과학자의 이미지를 역사적으로 분석한 책 한 권이 영국에서 출간되어 화제가 되었다. 저자인 크리스토퍼 프레일링(Christopher Frayling)은 지난 100여 년 동안 영화 속 과학자의 이미지가 지속적으로 변모해 왔음에도 불구하고 그 속에 놀라울 정도로 일관된 전형이 유지되고 있다는 점에 주목했다. 제목에서 직설적으로 제시되고 있는 것처럼 과학자는 종종 "미치고, 나쁘고, 위험한" 존재로 그려져 왔으며, 사람들과 잘 어울리지 못하고 외골수로 자신의 연구에 몰두하면서 사회 일반과 주류 과학계로부터 동떨어진 인물로 제시되곤 한다는 것이었다.[1] 이러한 프레일링의 논의는 사실 새롭다고 보기 힘든 것이었음에도 여러 과학 전문지들로부터 상당한 주목을 받았다. 《뉴 사이언티스트》는 저자의 논지를 요약한 칼럼을 게재했고, 《네이처》와 《사이언스》를 비롯한 전문지들은 책의 내용을 음미하는 서평을 실었다.[2] 이처럼 높은 관심은 현재 일반 대중이 과학과 과학자에 대해 품고 있는 이미지가 거의 대부분 영화나 대중 매체에 의해 형성되었으며, 그런 이미지는 앞으로의 노력 여하에 따라 변화할 수도 있다는 프레일링의 논지에 공감한 결과일 것이다. 이러한 관심 속에서 과학자의 이미지 '쇄신'을 꾀하는 서구 과학계의 속내를 엿볼 수 있다면 과도한 넘겨짚기일까?

미국 작가 H. P. 러브크래프트(H. P. Lovecraft)가 1922년에 발표한 단편 '괴담' 소설을 자유분방하게 각색한 호러 영화 「리애니메이터」는 과학자들이 '바로잡고' 싶어 하는 미친 과학자의 이미지를 원형에 가깝게 보여 준다.[3] 스위스에서 죽은 생명체를 다시 살려 내는 주사액을 연구하던 의대생 허버트 웨스트(제프리 콤스)는 대학에서 쫓겨난

1   Christopher Frayling, *Mad, Bad and Dangerous?: The Scientist and the Cinema* (London: Reaktion Books, 2005).

2   Christopher Frayling, "Hollywood's changing take on the scientist," *New Scientist*, No. 2518 (24 September 2005): 48-49; Adam Rutherford, "Scientists on screen," *Nature*, 438 (3 November 2005): 25-26; Jay A. Labinger, "Two-dimensional science," *Science*, 310 (16 December 2005): 1770-1771; A. Bowdoin Van Riper, "Scientists on screen," *EMBO Reports*, 7 (March 2006): 253; Jay P. Telotte, "Sketching the cinematic scientist," *Nature Cell Biology*, 8 (March 2006): 204.

3   러브크래프트의 원작 단편 소설은 「허버트 웨스트 — 리애니메이터」라는 제목으로 국내에 번역돼 있다. H. P. 러브크래프트, 정진영 옮김, 『러브크래프트 전집 1』(황금가지, 2009), pp. 57-102. 20세기 초가 배경인 원작 소설은 초자연적이고 괴기스런 냄새가 물씬 풍기며 비극적인 결말로 이어지는 반면, 1980년대에 대폭 각색된 영화 버전은 진지함을 벗어 버린 코믹한 패러디를 전면에 내세우고 있다. 「리애니메이터」는 호러 팬 사이에서 컬트 영화로 자리매김되며 인기를 끈 후 「리애니메이터의 신부」, 「리애니메이터를 넘어서」 등 속편이 잇따라 제작되었다. (1편과 2편은 국내에 「좀비오」, 「좀비오 II」라는 제목으로 비디오 출시되어 있다.)

후 미국으로 건너온다. 그
는 새로 얻은 하숙집 지
하실과 의과 대학 영안실
에서 룸메이트인 의대생
댄 케인(브루스 애벗)의 도
움을 받아 실험을 계속하
는데, 도로 살아난 시체
들은 좀비에 가까운 비정
상적인 행태를 보인다(이
는 시체가 충분히 '신선하지'
않은 탓으로 돌려진다.). 한

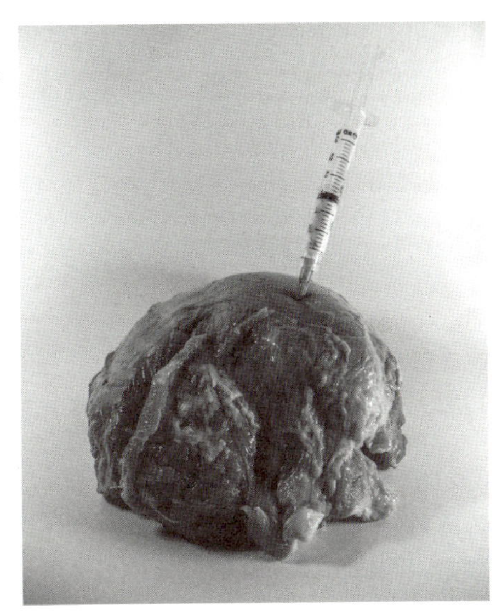

편 웨스트의 '비밀'을 알아챈 같은 대학의 뇌 전문의 칼 힐 박사(데이
비드 게일)는 웨스트를 협박하다가 그의 손에 죽은 후 주사액으로 다
시 살아나 웨스트와 대립한다.

많은 사람들은 아마 대강의 줄거리만 들어도 이 작품이 영화「프랑
켄슈타인」을 필두로 1930~1940년대에 전성기를 누렸던 '미친 과학
자 영화'들의 영향권 안에 있음을 금방 알아챌 것이다.[4] 과학을 소재
로 한 이 시기의 호러 영화들에서는 미친 과학자가 개인적으로 활동
했으며, 지배적인 과학 분야는 주로 생물학/의학으로서 죽은 사람을
다시 살리거나 기계 장치를 이용해 인공적으로 새로운 생명 형태를

---

4   원작 소설의 작가인 러브크래프트 역시 자신의 작품은 메리 셸리(Mary Shelley)의 소설 『프랑켄슈
타인』에 대한 패러디로 의도한 것이었다고 밝힌 바 있다. http://en.wikipedia.org/wiki/Re-Animator
참조.

만들거나 인간과 동물의 잡종 생명체를 만드는 것 등이 단골 메뉴로 등장했다. 이는 과학자가 거대 조직에 속해 있는 피고용인으로 흔히 그려지고, 주된 분야 역시 핵물리학에서 합성 유기 화학을 거쳐 생명 공학 쪽으로 넘어가고 있는 요즘 영화들의 이미지와는 상당한 거리가 있다.[5] 그런 점에서 「리애니메이터」는 오늘날 클리셰로 자리 잡은 고전 호러의 이미지를 창의적으로 '재활용'하면서, 금기시된 지식에 대한 두려움이나 과학자의 사회적 위상에 관한 논란과 같은 20세기 초의 진지한 문제의식은 벗겨 버린 결과물이라 할 수 있다.

그러나 「리애니메이터」가 과학자의 이미지에서 고전 호러를 단순히 답습하고 있는 것은 아니다. 영화는 원작 소설에 없는 칼 힐 박사라는 인물을 새롭게 끼워 넣고, 원작 소설에서 매우 수동적으로 그려진 이름 없는 조력자(겸 내레이터)에 댄 케인이라는 이름을 붙여 성격을 부여함으로써 과학자의 이미지를 좀 더 다면적으로 그려 내고 있다. 먼저 주인공인 허버트 웨스트는 그야말로 전형적인 미친 과학자의 특징을 모조리 모아 놓은 인물로 그려진다. 그는 사람들과 잘 어울리지 못하는 비사교적 인물로, 거의 세상을 등지다시피 한 채 어두운 지하실 공간에 처박혀 일에 몰두한다. 그는 죽음을 뛰어넘겠다는 원대한 목표를 가지고 숱한 실패와 학계의 냉대에도 굴하지 않고 오로지 연구에만 매달린다. 그러나 숭고한 목적이 사악한 수단을 정당화한다는 그의 사고방식은 결국 그를 사실상의 파멸로 몰아넣는다.

반면 칼 힐 박사는 나중에 가서 (머리가 떨어져 나간 후에는) 성적 집

<hr>

5   Andrew Tudor, *Monsters and Mad Scientists: A Cultural History of the Horror Movie* (Oxford: Blackwell, 1989).

착과 타인을 지배하려는 욕망으로 가득 찬 미친 과학자의 '본색'을 드러내긴 하지만, 그 전까지만 해도 극히 세속적인 인물로 그려진다. 타인의 연구 성과를 표절하고, 급기야 웨스트의 성과를 가로채 자신을 주사액의 발견자로 학계에 발표하려 수작을 부리는 장면은 이를 단적으로 보여 준다. 영화는 외딴집에 기거하면서 금기시된 지식의 추구에만 미친 듯 몰두하는 과학자와 상당히 안정된 전문 직업적·제도적 기반 위에서 명예욕과 권력욕을 채우려 하는 과학자 사이의 대립 구도를 그려 내는데, 이는 20세기 중반 이후 크게 변화한 과학의 물적 토대와 치열해진 과학계 내부의 경쟁을 되새겨 보게 한다는 점에서 매우 흥미롭다.

그러나 정작 이 영화의 메시지는 웨스트도 힐도 아닌 댄 케인을 통해 전달되고 있다. 처음에 그는 장학금을 받아 공부하며 의과 대학 졸업을 앞두고 있으면서 학장의 딸과 비밀리에 데이트를 하고 있는 평범하면서도 건실한 청년으로 그려진다. 하지만 죽어 가는 환자를 살려 내지 못한 아쉬움은 웨스트의 연구에 대한 매혹과 소소한 일탈 행위로 발전하고, 일련의 예상치 못한 사태를 겪으며 사태가 확산된 후 죄의식으로 탈바꿈한다. 그러나 죄의식도 잠시, 되살아난 시체의 공격을 받아 여자 친구가 숨을 거두자 그는 자신이 그토록 비난했던 그 모든 행동을 좇아 본격적으로 미친 과학자의 길로 접어든다. 웨스트가 남긴 주사액을 이용해 여자 친구를 살려 내려 시도하는 것이다 (이는 속편 제작으로 이어지는 연결 고리를 제공한다.). 나락으로 떨어지는 길을 차근차근 밟아 나가는 케인의 모습을 통해 「리애니메이터」는 미친 과학자를 매혹시키는 힘의 근원을 풍자하고 있다.

사회 문제에 대한 '기술적 해결책'의 한계

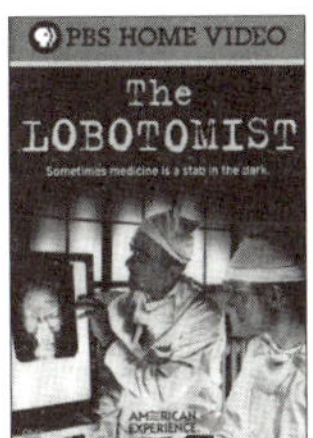

「**뇌엽 절제술사**(The Lobotomist)」
2008년
감독 버락 굿먼, 존 매지오

현대 사회에서 과학은 어떤 사회 문제에 대한 해결책으로서의 역할을 점점 더 많이 요구 받고 있다. 과학은 고질적인 실업을 해소히기 위한 돌파구로, 인구 과잉으로 인한 식량난을 풀 수 있는 해법으로, 지구 온난화 문제를 마술처럼 해결할 수 있는 공학적 수단으로, 제3세계의 빈곤을 종식시키고 생활 수준을 비약적으로 향상시킬 수 있는 도구로 작동하도록 점점 더 많이 요청을 받고 있으며, 때로는 그런 역할을 스스로 자임하고 나서고 있기도 하다. 그러나 그러한 과학의 역할은 종종 중대한 모순을 낳는다. 과학에 불가피하게 내포되는 한계와 불확실성 때문이다.

미국의 공영 방송 PBS가 역사 다큐멘터리 시리즈 '미국인의 경험

(American Experience)' 중 한 편으로 2008년에 방영한 작품 「뇌엽 절제술사」는 20세기 중엽 미국을 포함한 서구 사회를 풍미했던 중증 정신병 치료법인 뇌엽 절제술(lobotomy)의 역사를 통해 이 문제에 흥미롭게 접근하고 있다. 미국의 작가 잭 엘-하이(Jack El-Hai)가 쓴 논픽션[1]에 근거해 제작된 이 다큐멘터리의 중심에는 미국의 신경과 전문의 월터 프리먼(Walter Freeman)이 있다. 그는 정신 분열증이나 심한 우울증 등으로 정신 병원에 수용된 환자들에 대한 혐오와 연민, 이런 환자들에 대해 시급히 모종의 조치를 취해야 한다는 의무감, 입신출세에 대한 열망 등을 합해 새로운 정신병 치료법을 찾으려는 노력에 나섰다. 결국 그는 1930년대에 포르투갈의 의사 이가즈 모니즈(Egas Moniz)가 개척한 외과 수술 기법인 뇌엽 절제술(뇌의 전두엽 부분에 구멍을 뚫고 들어가 신경을 절단하는 수술)에서 해법을 찾았고, 이를 극단적으로 간소화한 일명 '횡안와 뇌엽 절제술(transorbital lobotomy)'을 제2차 세계 대전 직후에 개발해 유명세를 얻음과 동시에 악명을 떨쳤다. 그러나 프리먼이 뇌엽 절제술의 적용 대상을 극단적으로 확대하면서 이에 대한 반감이 점점 커지기 시작했고, 이를 대체할 수 있는 새로운 기술적 수단(강력한 진정제)이 개발되면서 뇌엽 절제술은 거의 자취를 감추게 된다.[2]

아마 「뇌엽 절제술사」를 보면서 가장 먼저 드는 생각은 "어떻게 저

---

1   Jack El-Hai, *The Lobotomist: A Maverick Medical Genius and His Tragic Quest to Rid the World of Mental Illness* (New York: Wiley, 2005).

2   이 에피소드는 국내에 번역 출간된 에드워드 쇼터, 최보운 옮김, 『정신 의학의 역사』(바다출판사, 2009), pp. 368-376에도 '뇌엽 절제술 괴담'이라는 제목으로 소개되어 있다.

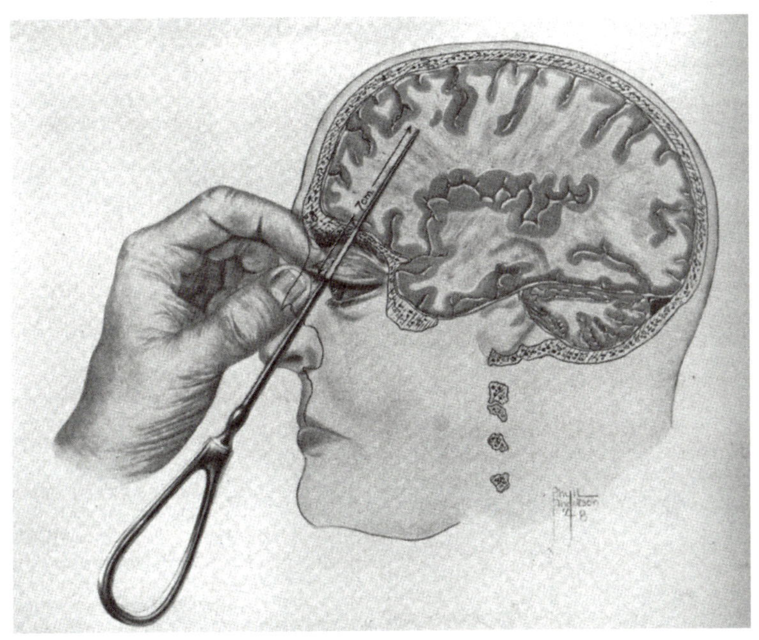

1949년《미국 정신 의학 저널》에 실린 횡안와 뇌엽 절제술을 묘사한 그림.

럴 수가!" 하는 공분(公憤)에 가까울 것이다. 정신병 환자에게 영구적 장애를 입힐 수도 있는 수술을, 그것도 종종 환사 본인이나 가족들이 동의도 얻지 않은 채 수천 명에게 시술했고, 더 나아가 정신병이라 보기 어려운 증상(가령 아이들의 반항기나 주부들의 우울감)에까지 적용 대상을 확대했으며, 심지어 환자가 수술 도중 사망하더라도 전혀 거리낌 없이 행동했던 프리먼의 기행(奇行)은 보는 이들을 질리게 하기에 충분하다. 두말할 것 없이 이는 의료 윤리(전문직 윤리)의 결핍 내지 미성숙이 빚어낸 비극이며, 자신들이 지닌 전문가로서의 지위를 남용하고 일반 대중에 대해 일종의 후견인 행세를 한 과학자(의사) 집단의 오만함이 여지없이 드러난 사례로 볼 수 있을 것이다. 임상 시험의 윤리에 관심 있는 사람이라면 가령 1930년대부터 1970년대까지 미국에서 진행된 터스키기(Tuskegee) 매독 연구처럼 환자 본인의 의사와 무관하게 이뤄진 비윤리적 인체 실험과의 유사성을 떠올릴지도 모른다.[3] 혹자는 이러한 사건들이 다행히 현실에서 자주 일어나지 않으며, 일상적인 과학과 유사성을 찾기도 어려운 극단적 일탈 사례라는 점을 강조하며 안도의 한숨을 내쉴 것이다.

그러나 조금만 깊이 생각해 보면 「뇌엽 절제술사」는 이런 단순한 독해를 무색케 하는 다양한 쟁점들을 풍부하게 담고 있음을 알 수 있다. 앞서 언급했듯이 이 작품은 과학이 사회 문제(이 경우에는 정신병 환자들에 대한 처우)에 대한 해결책을 자임하고 나섰을 때 나타날 수 있는 딜레마를 보여 주고 있다는 점에서 현대 과학의 축도와도 같은 일종의 '우화'로서의 성격을 지닌다. 이 작품은 사회 문제에 대한 기술적 해결책(technological fix)[4]으로서의 과학이 종종 최선 대 차선이 아닌, 최악 대 차악의 선택 구도(중증 정신병 환자를 정신 병원에 수십 년간 방치할 것인가, 아니면 심각한 후유증을 유발하더라도 수술을 해서 그들을 '집으로 돌려보낼' 것인가)를 가지며, 따라서 기술적 해결책 자체가 새로운 문제를 낳거나 종래의 문제를 악화시키는 경우가 많음을 잘 보여 준다. 이와 흡사한 '파우스트의 거래'들은 현실 속에서 얼마든

---

3   터스키기 매독 연구에 대해서는 그레고리 펜스, 김장한 · 조현아 · 이재담 옮김, 『의료 윤리 II』(광연재, 2004), pp. 44-99에 배경, 진행 과정, 주요 쟁점들이 자세하게 소개돼 있다.

4   이는 사회 문제를 '우회'하는 손쉬운 방법이라는 의미에서 '기술적 지름길(technological shortcut)'이라고 불리기도 한다. Carl Mitcham, (ed.), *Encyclopedia of Science, Technology, and Ethics*, 4 vols (Farmington Hills, MI: Thomson Gale, 2005)의 'technological fix' 항목(pp. 1901-1903)을 참조하라.

지 찾아볼 수 있다. 가령 1960년대의 이른바 '녹색 혁명'은 제3세계의 식량난 해결을 자임하고 나서 대단한 기술적 성공을 거두었지만, 그 과정에서 제3세계 농촌의 부의 집중을 변화시켜 정작 기아로 고통을 받는 사람들의 수는 줄이지 못하거나 오히려 더 증가시키는 역설을 낳았다. 혹은, 전 세계가 직면한 지구 온난화 문제의 해결책으로 스스로를 포장하고 나섰던(그러다 2011년 후쿠시마 원전 사고로 다시 한번 어두운 그림자를 드리우게 된) 핵 발전은 또 어떤가. 이렇게 보면 「뇌엽 절제술사」가 던지는 질문은 예외적이고 일탈적이기보다는 오히려 전형적이고 흔히 볼 수 있는 것임을 알 수 있다.

이 작품이 던지는 또 하나의 화두는 바로 그러한 '기술적 해결책'이 갖는 치명적 매력이다. 우리 사회가 떠안고 있는 여러 문제들에는 다양한 해결책들이 존재할 수 있으며, 그 중에는 기술적 해결책 외에 '사회적 해결책'이라 부를 만한 것들도 여럿 있다. 가령 정신병 환자 문제에 있어서는 해당 환자와 그 가족들에 대한 따뜻한 관심, 재정 지원, 간호 인력 및 시설 확충, 정신병에 대한 사회적 인식 변화 등을 그런 예로 들 수 있을 것이다. 그러나 「뇌엽 절제술사」에 잘 나타난 것처럼, 오늘날 사람들에게 그런 해결책들은 '기술적 해결책'에 비해 매력적이지 못하고 비효율적인 것으로 받아들여지며 그 때문에 진지한 고려의 대상이 되지 못한다. 사람들은 마치 마술 지팡이를 휘두를 때처럼 모든 문제를 단번에 해결해 줄 '기술적 해결책'들을 점점 더 갈구하고 있는 것이다.[5] 그러나 불행히도 앞서 지적한 것처럼 그러한 기술적 해결책은 종종 불완전하며, 때로 더욱 심각한 새로운 문제를 양산함으로써 대중의 기대와 충돌하는 모순을 낳고 있다.

마지막으로 이 작품은 과학(자)과 대중의 관계, 그리고 그것을 매
개하는 (과학)언론의 역할에 대해서도 의미 있는 시사점을 던져 준다.
월터 프리먼이 전문직 의사 공동체 내에서 쏟아지던 비난을 넘어서
횡안와 뇌엽 절제술을 크게 유행시킬 수 있었던 데는 언론을 통한 홍
보가 결정적인 기여를 했다. 입신출세를 꿈꾸는 과학자와 "신문이 잘
팔리게 만드는" 특종을 찾아다니는 언론이 만들어 낸 합작품이었던
것이다. 이는 도로시 넬킨(Dorothy Nelkin)이 지적했듯, 과학 언론이
종종 비판적 기능을 상실하고 과학자들이 동원하는 단순한 선전 도
구로 전락할 수 있음을 잘 보여 준다.[6] 그러나 이 사례에서 일반 대중
이 과학과 언론의 유착 속에서 단지 무력한 희생자이자 피해자로 전
락했다고 보는 것은 지나친 단견일 것이다. 혹자는 프리먼의 시술에
이의를 제기하기는커녕 오히려 그에게 감사 편지 세례를 보냈던 환자
가족들이 일종의 '인질 효과'에 사로잡혀 있었다고 볼지 모르지만, 이
는 충분히 균형 잡힌 견해라고 보기 어렵다. 환자 가족을 포함한 일
반 대중이 뇌엽 절제술의 효능과 부작용에 대해 (전문가들과 마찬가지
로) 일종의 정보 부족을 겪고 있었던 것은 사실이지만, 그럼에도 그들
이 뇌엽 절제술을 받아들인 것이 주어진 과학적, 사회적 한계 속에서
나름대로 능동적인 선택을 한 결과임을 완전히 부인할 수는 없기 때
문이다. 이는 최근 과학 기술학(STS) 내에서 부상하고 있는 사용자-

---

5   이러한 모습은 2005년 황우석 사태에서 극적으로 드러났다. 황우석 전 서울 대학교 교수는 자신의
배아 복제 줄기세포 연구를 척수 손상 장애인들에 대한 '복음'으로 제시했고, 이는 장애인들에 대한 사회
적 지원을 원천적으로 '대체'할 수 있는 마법과도 같은 해결책으로 열렬한 지지를 받았다.

6   도로시 넬킨, 김명진 옮김, 『셀링 사이언스』(궁리, 2010).

기술 관계에 대한 새로운 시각을 보여 주는 흥미로운 사례를 제공해
주고 있다.[7]

7   Nelly Oudshoorn & Trevor Pinch, "User-Technology Relationships: Some Recent Developments," Edward J. Hackett, Olga Amsterdamska, Michael Lynch, and Judy Wajcman (eds.), *Handbook of Science and Technology Studies*, 3rd ed. (Cambridge, Mass.: MIT Press, 2007), pp. 541-565.

과학(자)은 어떤 일을 하는가? 23

「**천성적으로 집착이 강한**(Naturally Obsessed)」
2009년
감독 캐롤 리프킨드, 리처드 리프킨드

사람들은 과학(자)에 대해 몇 가지 고정 관념들을 가지고 있다. 과학자의 위인전기나 과학자가 등상하는 대중 영화들에서 반복해서 재생산되는 그런 관념에 따르면, 과학은 일견 사소해 보이는 탐구의 순간들 속에서 때때로 번득이는 천재적 영감으로부터 문제 해결의 실마리를 찾는 활동이며, 과학자는 마치 추리 소설에 나오는 안락의자 탐정처럼 '회색 뇌세포'의 활동을 통해 우주 만물을 꿰뚫는 진리를 알아내는 사람이다. 여기서 과학자가 하는 실험은 종종 기묘하게 연결돼 있는 비커, 플라스크, 유리관 속을 갖가지 빛깔의 액체들이 흐르면서 변화무쌍한 반응을 일으키는 신기한 활동 정도로 그려지는 데 그친다.[1]

이와 같은 과학(자)의 대중적 이미지는 실제 대학이나 연구소의 실험실에서 많은 시간을 보내는 이들의 일상과는 크게 동떨어진 것으로, 과학이 어떤 활동이고 과학자는 어떤 일을 하는가 하는 질문에 대해 좀 더 현실적인 이해를 얻는 것을 방해한다. 이러한 고정 관념 속에서는 (대부분의) 과학이 일견 끝도 없이 계속되는 반복 작업과 높은 육체적 숙련을 요하고, 그러면서도 제대로 된 결과를 얻어 내기 어려운 고된 '노동'(과학자들 스스로의 자조적인 표현에 따르면 '삽질')이라는 인식을 찾아보기 어렵다.

2009년 미국에서 방영된 다큐멘터리 「천성적으로 집착이 강한」은 이러한 인식의 간극을 메우려는 흥미로운 시도를 보여 준다. 다큐멘터리의 발단은 메모리얼 슬로언-케터링 암 센터의 소장직에서 정년 퇴임한 과학자 리처드 리프킨드(Richard Rifkind)가 과학자의 모습을 현실적으로 그려 내고 싶다는 오랜 개인적 소망을 실현하기로 결심한 2004년까지 거슬러 올라간다. 그는 다큐멘터리 작가로 활동해 온 부인 캐롤과 의기투합했고, 뉴욕 인근의 여러 실험실들을 수소문해 컬럼비아 대학교 의과 대학의 한 생물학 실험실을 일종의 참여 관찰 대상으로 선택했다. 그들은 그곳에서 3년에 걸쳐 대학 실험실의 일상을 촬영했고, 다시 1년여에 걸친 편집 작업을 통해 이를 1시간짜리 다큐멘터리로 응축해 냈다.[2]

이 작품은 실험실의 지도 교수(래리 샤피로)와 3명의 박사 과정 학

1　어린이나 청소년을 대상으로 한 과학 대중화 프로그램의 상당수가 '호기심 유발'을 이유로 이런 식의 시연을 동원하고 있는 것은 다분히 역설적인 결과를 낳는다. 그런 프로그램은 과학(자)에 대한 고정 관념을 도리어 강화시켜 과학과 일반인 사이의 거리를 넓히기 때문이다.

생들(롭 타운리, 킬 캐롤, 게이브 커벌리)이 중심이 되어 식욕의 조절을 담당하는 AMPK라는 단백질의 구조를 규명하려 애쓰는 과정을 추적한다. 이를 위해 그들은 수년간에 걸쳐 단백질을 정제해 결정 형태로 '키운' 후 강한 X선을 쬐어 회절 사진을 얻어 냄으로써 그로부터 단백질의 3차원 구조를 계산해 내려 한다. 다큐멘터리는 박사 과정 학생들이 실험 과정에서 갖가지 좌절을 겪으며 방황하다가 결국 한 사람의 과학자로 만들어지는 다양한 경로들(박사 학위를 받고 학계에 남거나, 박사 학위를 받고 회사로 들어가거나, 박사 학위를 포기한 채 취직을 선택하는 등)을 보여 주고 있다.

이 작품이 보여 주는 과학(자)의 '실제' 모습은 어떤 것일까? 우선 과학은 탁월한 천재들만이 할 수 있는 지적, 이론적 작업이라는 선입견과 달리, 과학에서 아주 많은 부분은 체화된 숙련, 암묵적 지식, 그리고 실천의 측면으로 이뤄져 있다는 사실을 알 수 있다. 이는 '창조적' 활동으로서 과학과 예술의 유사성을 지적하는 샤피로 교수의 말에서 잘 드러난다. 그에 따르면 과학과 예술이 유사한 이유는 이 둘이 모두 천재적 영감에 의존한다는 데 있는 것이 아니라, 둘 모두가 몸으로 습득해 체화해야만 하는 기법의 요소를 포함하고 있다는 데서 찾을 수 있다. 그런 기법의 습득이 제대로 되어 있지 않으면 창조적 표현은 애초에 달성하기 어려운 과제가 된다는 것이다.

이러한 지적은 이전까지 상대적으로 잊혀졌던 토머스 쿤(Thomas

실험실의 지도 교수인 샤피로와 박사 과정 학생인 타운리.

Kuhn)의 유산을 떠올리게 한다.[3] 오늘날의 과학학에 큰 영향을 미친 쿤의 책『과학 혁명의 구조(*The Structure of Scientific Revolution*)』는 주로 철학자들에 의해 개념적 세계관, 공약 불가능한 패러다임, 관찰의 이론 의존성 같은 측면에서 조명돼 왔다. 그러나 쿤은 이 책에서 마이클 폴라니(Michael Polanyi)의 암묵적 지식 개념을 빌려, 말로 표현할 수 없고 일단의 규칙들로 환원할 수 없는 실천과 숙련의 측면을 그에 못지않게 강조하고 있다. 이는 왜 이공계 실험실이 유독 강한 규율과 위계 구조로 특징지어지며, 과학자가 되기 위해서는 왜 장기간에 걸

3　Cyrus C. M. Mody & David Kaiser, "Scientific Training and the Creation of Scientific Knowledge," Edward J. Hackett, Olga Amsterdamska, Michael Lynch, and Judy Wajcman (eds.), *Handbook of Science and Technology Studies*, 3rd ed. (Cambridge, Mass.: MIT Press, 2007), p. 383.

친 '도제 생활'이 필수적으로 요구되는가에 대한 한 가지 답변을 제공한다. 바로 과학에서의 '성공'을 위해서는 정해진 규칙이나 매뉴얼 같은 것이 없으며, 많은 경우 이전의 성공을 따라하면서(혹은 실패로부터 배우면서) 그때그때 생긴 문제들을 상급자들에게 도움을 청하는 식으로 해결해야 하기 때문이다. "사례를 통해 배우는 것은 권위에 복종하는 것"이라는 폴라니의 유명한 경구는 이러한 통찰을 간결하게 요약하고 있다.[4]

아울러 이 작품은 과학 활동에 필연적으로 개입하는 우연과 요행수의 요소들을 흥미롭게 보여 준다. 샤피로 실험실의 교수와 대학원생들이 고된 연구에서 얻어야 하는 것(결정에서 나온 X선 회절 패턴)은 어떤 의미에서 보면 이미 정해져 있다고 할 수 있다. 그러나 그들은 언제, 어떻게, 왜 그것을 얻게 될지에 대해서는 사전에 미리 알지 못한다. 이러한 이유 때문에 과학자들은 마치 실력이나 기술 못지않게 운이 크게 작용하는 스포츠 선수들이 종종 그렇듯, 나름의 비법과 징크스를 갖고 있다. 단백질 결정을 키우는 용액에 특징 상표의 키위 주스를 첨가하거나, X선 결정실에 들어갈 때 부두교 인형을 품고 가거나 특정한 음악(플레이밍 립스의 노래 「요시미, 핑크 로봇과 싸우다」)을 듣는 모습은 이를 다분히 코믹하게 보여 준다. 심지어 다큐멘터리의 '주인공'인 롭 타운리는 플레이밍 립스의 곡이 (결정의 X선 회절 사진을 찍을 때뿐 아니라) 단백질 결정을 키우는 데도 도움을 준다고 주장하기

4   Jan Golinski, *Making Natural Knowledge: Constructivism and the History of Science* (Chicago: University of Chicago Press, 2005), p. 17.

까지 한다.[5]

이 작품에서 마지막으로 눈여겨볼 대목은 과학계 내부의 치열한 경쟁이다. 샤피로 교수와 대학원생들은 계속 말썽을 부리는 단백질 결정뿐만 아니라 다른 실험실들과도 사투를 벌여야 한다. 학생들은 아침마다 온라인 저널을 확인해 자신이 연구하는 주제에서 아무도 논문을 발표하지 않았음을 확인하고, 원하던 실험 결과를 얻어 낸 후에도 누군가에 의해 '특종을 빼앗기는' 최악의 상황을 피하기 위해 후반 작업을 가급적 빨리 끝내려 노심초사한다. 이러한 상황은 제2차 세계 대전 이후 지속된 과학 활동의 급격한 양적 팽창이 최근 이른바 '정상 상태(steady state)'로 넘어가면서 과학계 내부의 경쟁이 격심해진 것과 무관하지 않다.[6] 이처럼 치열한 경쟁 속에서 득세하는 것은 영향 지수가 높은 최상위급 학술지들이다. 다큐멘터리에서도 언급되는 것처럼, 《사이언스》나 《네이처》 같은 학술지에 논문을 발표하는 것은 학위 취득 이후에 탄탄한 진로를 마련해 주는 보증 수표와도 같은 역할을 하며, 따라서 이른바 '대박 연구'를 향한 경쟁은 더욱 치열해질 수밖에 없다. 이는 과학자들 간의 건강한 경쟁을 넘어 과학계 내부에 성과주의에 대한 집착이나 연구 부정행위의 증가 등 다양한 형태의 위기를 촉발하는 요소가 되고 있다는 점에서 주목을 요하고 있다.

5   http://www.washingtonpost.com/wp-dyn/content/article/2009/03/10/AR20090
31003736.html.

6   호레이스 F. 저드슨, 이한음 옮김, 『엄청난 배신』(전파과학사, 2007), pp. 385-392.

대중적 상상력 속의 인간 복제

24

「**브라질에서 온 소년**(The Boys from Brazil)」
1978년
감독 프랭클린 샤프너

과학 기술 논쟁 연구에서 선구적 업적을 남겼고 1990년대 들어서는 생명 공학의 사회적 차원을 다룬 여러 권의 저서를 펴냈던 과학 사회학자 도로시 넬킨은 1998년에 인간 복제를 다룬 짧은 글[1]을 하나 썼다. 복제 양 돌리 탄생 1주년을 맞아 수전 린디(Susan Lindee)와 함께 발표한 이 글에서 그녀는 1997년 2월 돌리 탄생 발표 직후에 등장한 다양한 반응들을 소개하고 있는데, 그녀에 따르면 최초로 나타난 반응들은 주로 익살스런 농담이었다고 한다.

국내 언론에도 많이 보도되었던, 마이클 조던 같은 뛰어난 운동선

---

1   Dorothy Nelkin and M. Susan Lindee, "Cloning in the Popular Imagination," *Cambridge Quarterly of Healthcare Ethics*, 7(1998): 145-149.

수를 복제해 5명의 마이클 조던으로 구성된 농구팀을 만든다거나, 알베르트 아인슈타인 같은 위대한 과학자를 복제해 되살린다거나, 혹은 영국의 토니 블레어 전 수상처럼 인기 있는 — 적어도 당시에는 그랬는데 — 정치인이나 빌 게이츠 같은 부유한 기업가를 복제한다거나 하는 얘기들이 그런 예들이었다. 여기서 한 걸음 더 나아가 미국의 건국 시조들을 복제해 전시(?)함으로써 "살아 있는 역사"를 보여 주는 테마파크를 만들자거나 어떤 사람이 죄를 지으면 그 사람을 복제해 한 번 더 기회를 주자거나 하는 더욱 썰렁한 농담도 있었고, 교황을 복제하면 어떤 일이 벌어질까 하는 '불경스러운' 질문도 있었다(과연 그 둘은 모두 무오류일까? 만약 그 둘이 의견을 달리하면 어떻게 해야 할까?). 그리고 이러한 농담과 아울러 복제의 미래를 둘러싼 디스토피아적 전망도 제기되었다. 누군가 프랑켄슈타인과 같은 괴물을 만들어 내지는 않을까? 나치 광신자들이 아돌프 히틀러 같은 독재자의 복제 인간을 만들어 내면 어떻게 될까? 혹은 '장기 수확'을 위해 인위적으로 무뇌아들을 공장에서 만들어 내게 되지는 않을까? 등등.

넬킨은 이러한 반응들의 근저에 그녀가 "유전자 본질주의(genetic essentialism)"라고 이름 붙였던 사고방식이 깔려 있다고 보았다. 즉, 인간(을 포함한 모든 생명체)이 지닌 복잡성은 DNA라는 강력한 분자 텍스트를 단순히 읽어 낸 것에 불과하다는 생각이 인간 복제에 대한 매혹(혹은 공포)의 근간을 구성한다는 것이다. 이러한 사고방식은 소설이나 영화 같은 대중문화 텍스트에서도 잘 드러나고 있는데, 「브라질에서 온 소년」역시 예외는 아니다.

「브라질에서 온 소년」은 베스트셀러 작가인 아이라 레빈((Ira Levin)

의 1976년 소설을 2년 후 영화로 제작한 것이다.[2] 당시는 아직 체세포 복제 기술이 완성되기 훨씬 전이었지만, 1960년대를 통해 유전과 생식 과정을 조작하는 초기 실험들이 이루어지면서 인간에 대한 유전 공학의 적용 가능성에 대한 우려가 커지고 있었고, 실제 복제 인간 탄생을 목도했다는 내용을 담은 《타임》지 기자 데이비드 로비크(David Rorvik)의 가짜 논픽션 『복제 인간(*In His Image*)』이 막 센세이션을 불러일으키던 시점이었다.[3] 원작 소설은 바로 이러한 배경 속에서 태동했다.

영화의 주인공은 유명한 나치 사냥꾼인 에즈라 리버만(로렌스 올리비에) — 실존 인물인 사이먼 위젠탈(Simon Wiesenthal)을 모델로 한 — 으로, 그는 남미의 한 제보자로부터 과거 나치의 핵심 인물이었던 멩겔레 박사(그레고리 펙)가 북미와 유럽에 흩어져 있는 65세 남자 94명을 암살하려는 계획을 꾸미고 있다는 얘기를 전해 듣는다. 이 제보 내용을 조사하는 과정에서 그는 94명의 남자들이 모두 14살 난 아들을 입양해 키우고 있으며 그 아들이 모두 쌍둥이처럼 똑같이 생겼다는 충격적인 사실을 알게 된다. 결국 94명의 14살 소년들은 멩겔레 박사가 히틀러의 신체 조직으로부터 복제해 대리모의 자궁에서 키워 낸 복제 인간으로, 히틀러의 성장 환경과 유사한 조건에서 자라나도록 입양된 것이었음이 밝혀진다. 나치 조직들은 심지어 히틀러가 14살이었을 때 아버지가 죽었던 것까지도 그대로 재현해 주려 했던

2   레빈의 소설은 국내에 여러 차례 번역, 출간되었다. 아이라 레빈, 김효설 옮김, 『브라질에서 온 소년들』(시작, 2008).

3   데이비드 로비크, 박상철 옮김, 『복제 인간』(사이언스북스, 1997).

것이다.

이 영화에서의 설정은 '공장'에서 복제 인간을 불과 수시간(심지어는 수십 분) 만에 찍어 내는 것으로 나오는 「저지 드레드」나 「6번째 날」 같은 'SF적' 설정에 비해 훨씬 더 사실적이다(「6번째 날」을 보면 'DNA가 없는' 빈껍데기 몸만 미리 만들어 두었다가 여기에 유전자를 '주입'해 기억까지도 동일한 완전한 인간을 불과 30분 만에 복제하는 것으로 그려지고 있다.). 뿐만 아니라 이 영화는 한편으로 유전자 본질주의의 전제에 입각해 있으면서도, 다른 한편으로 환경의 중요성을 강조한다 — 심지어 히틀러를 '되살려' 제3제국의 부활을 꿈꾸는 나치 잔당들조차도 — 는 점에서 진일보한 측면이 있다. 특히 흥미로운 것은, 영화 말미에서 음모의 주인공 멩겔레 박사가 비참한 최후를 맞은 후 유대인 자위 단원과 리버만이 94명의 소년들을 어떻게 처리할지를 놓고 토론할 때, 이들을 모두 죽여야 한다는 자위 단원의 주장에 반대해 리버만이 소년들의 이름과 주소를 적은 종이를 없애 버리는 장면이다.[4] 이는 유전적 형질보다는 역사적 상황과 사회적 맥락에 더 무게를 실어 주는 결론이라고 볼 수 있기 때문이다.

물론 상대적으로 '사실적'인 설정에 기반하고 있다고 해서 이 영화가 복제 양 돌리 이후 촉발된 인간 복제 찬반 논의에 구체적 함의를 던져 줄 수 있는 것은 아니다. 이 영화가 몸담고 있는 곳은 (적어도 현재까지는, 그리고 아마 앞으로도 상당 기간 동안) '신화'의 영역이며, 따라서 인간 배아 복제와 개체 복제를 구분하고 이 중 배아 복제와 배아

4　José Van Dijck, *Imagenation: Popular Images of Genetics* (New York: New York University Press, 1998), pp. 57-59.

연구의 윤리성 문제를 두고 첨예한 논쟁을 벌여 온 현실 공간의 규제 상황과는 전혀 맞지 않으며,[5] 미토콘드리아 DNA의 존재 때문에 체세포 복제가 '원본'과 100퍼센트 동일한 복제가 아닐 수 있다는 등의 과학적 사실과도 하등 인연이 없다.

그러나 그럼에도 불구하고 이 영화 속에 담긴 이미지가 의미를 갖는다면, 그것은 이러한 이미지들을 통해 일반 대중이 유전학과 유전자 조작, 좀 더 넓게는 과학과 그 응용 일반에 대해 갖고 있는 불안과 우려의 일단을 엿볼 수 있기 때문일 것이다.[6] 일반 대중, 그리고 이들에게 영향을 주는 대중 매체들은 어떤 하나의 과학 실험을 그 자체의 가치에만 주목해 따로 떼어내어 생각하지 않으며, 이를 더 큰 맥락 안에서 조망하려는 경향이 강하다. 인간 복제의 문제는 종교나 신화, 우화를 포함한 다양한 상징적 연관 속에서 다루어질 수 있으며, 인종, 여성, 과학 사기 등을 포함하는 당대 사회의 쟁점들과 결부되어 이해되는 것이 보통이다. 이렇게 보면 「브라질에서 온 소년」이 지닌 의의는 복제 기술이라는 새로운 과학의 응용을 20세기 사회를 뒤흔들었던 파시즘이라는 사회적 현상과 연결시켜 고찰했다는 데서 찾을 수 있을 것이다.

5　개체 복제 문제는 여전히 일반 대중과 언론의 호기심을 끄는 관심사 중 하나이며, "해선 안 될 이유가 무엇인가?(Why Not?)" 식의 질문을 던지는 학자들도 제법 있지만, 적어도 법적 규제의 측면에서는 이것이 진지한 논의 대상과는 거리가 있다.

6　Nelkin and Lindee, "Cloning in the Popular Imagination," pp. 147-148.

'세속화'된 과학, 신비감이 거세된 복제 인간

「아일랜드(The Island)」
2005년
감독 마이클 베이

지금은 사람들의 뇌리 속에서 많이 희미해졌지만, 2005년은 말 그대로 황우석 박사가 온 나라를 '들었다 놨다' 싶었던 기간이있다. 황 박사는 그해 5월 말에 환자 맞춤형 배아 줄기 세포 유도에 성공했다는 두 번째 《사이언스》 논문을 발표했고, 8월 초에 세계 최초의 복제 개 '스너피'를 세상에 내놓더니, 10월 말에는 배아 줄기 세포 연구의 전 세계적 중심지가 되겠다는 세계 줄기 세포 허브 개소를 선언했다. 이때까지만 해도 그는 명실상부한 온 국민의 영웅이었다. 그러나 얼마 안 되어 공동 연구자 제랄드 섀튼(Gerald P. Schatten)의 결별과 연구용 난자 매매 사실이 드러나면서 이미지에 금이 가기 시작했고, 급기야 전 세계를 뒤흔들어 놓았던 두 편의 《사이언스》 논문이 완전히 조작된 것임이 만천하에 폭로되어 사람들을 경악과 실망으로 몰아넣고 말았으니, 이렇게 짧은 기간 동안 그토록 수많은 사람들을 울리고 웃기고, 또 기쁘게도, 열 받게도 했던 인물을 달리 찾기도 어려울 듯싶다.

그런데 스너피 복제 발표로 황 박사의 명성이 하늘을 찌르던 2005년 여름에 대중문화에서도 '작은' 사건이 있었다. 1억 달러에 달하는 제작비를 들이고도 미국, 유럽, 일본 등지에서 흥행에 참패한 영화 「아일랜드」가 한국 시장에서만큼은 관객 몰이에 성공을 거둔 것이다. 결국 「아일랜드」는 370만 명이 관람해 그해 300만 명 이상의 관객을 동원한 네 편의 외화 중 한 편이 되었고, 제작사 측 입장에서도 한국 시장에 힘입어 (미국 바깥의) 전 세계 흥행에서만큼은 성공을 거둔 셈이 되었다. 여기서 흥미로웠던 것은, 「아일랜드」가 유독 한국에서 인기를 끈 이유를 이른바 '황우석 효과'와 연결 지어 설명하는 시각이 강력하게 제기되었다는 점이다. 황 박사의 배아 복제 실험 성공이 한국 사람들로 하여금 인간 복제(를 다룬 영화와 그 속에 표현된 근 미래)를 훨씬 더 피부에 와 닿는, 개연성 있는 것으로 받아들이게 해 주었다는 얘기다.[1] 과연 그렇게 볼 수 있을까?

때는 2019년. 링컨 6-에코(이완 맥그리거)와 조던 2-델타(스칼렛 요한슨)는 지구 전체를 폐허로 만든 환경 오염을 피해 외부로부터 차단된 첨단 설비에서 살아가고 있는 소수의 '생존자' 중 일부다. 단조롭고 통제된 생활을 이어 가는 이들에게 유일한 희망은 추첨을 통해 지구상에서 오염되지 않은 유일한 낙원이라는 '아일랜드'로 떠나는 것

1　「스크린에도 '황우석 효과' — 영화 「아일랜드」 흥행 호조」, 《국민일보》 2005년 8월 6일자.

이다. 그러나 우연한 기회에 링컨은 자신들이 바깥 사회의 부유한 '고객'들이 병들었을 때 장기를 제공하거나 그들을 위한 대리모 역할을 해 주는 복제 인간일 뿐이며, '아일랜드'행이란 실상 황천길에 불과하다는 무시무시한 사실을 알게 된다. 그들을 수용하고 있는 시설은 메릭 박사(숀 빈)가 운영하는 생명 공학 회사가 국방부로부터 거액의 투자를 받아 사막 한가운데 건설한 불법 '복제 인간 농장'이었던 것이다. 링컨과 조던은 회사의 엔지니어인 맥코드(스티브 부세미)의 도움을 받아 필사의 탈출을 감행하고, 자신의 '원본' 인간을 만나 이 모든 사실을 폭로하고 복제 인간들을 '해방'시키려 한다.

영화 텍스트 자체만 놓고 보면 「아일랜드」는 표절 시비로 소송에 들어간 것이 그다지 신기하지 않을 정도로 새로운 구석이 별로 없다.[2] 그 중에서도 가장 유사한 대목은 1976년 영화인 「도망자 로건」과 기본 설정이 상당히 유사하다는 것이다.[3] 특히 제한된 주거 공간에서 '갇혀' 살던 주민(내지 클론)들이 영화의 결말부에서 바깥 세계로 몰려나오는 장면은 두 영화가 쏙 빼닮았다. 다른 점이 있다면 「도망자 로건」에서는 환경 오염으로 인한 황폐화가 실제로 일어난 역사적 사건이지만, 「아일랜드」에서는 환경 오염은 물론이고 주민들이 지닌 정

---

2   「「아일랜드」, 흥행 참패에 표절 소송까지」, 《연합뉴스》 2005년 8월 26일자.

3   「도망자 로건」은 환경 오염으로 세계가 황폐화된 23세기의 세계를 배경으로 하는 영화이다. 이곳에서 생존자들은 외부로부터 격리된 돔 모양의 도시에서 컴퓨터의 통제를 받으며 살아간다. 그러나 도시의 제한된 수용 능력 때문에 이곳의 주민들은 30세가 되면 '회전목마(carousel)' 의식을 갖고 생을 마감해야 하며, 주민들은 이런 의식을 거치면 자신들이 '환생'할 수 있다고 믿는다. 영화는 이러한 도시의 삶에 의문을 품게 된 '로건 5'(마이클 요크)가 도시를 탈출해 바깥 세계를 접하면서 고정 관념을 깨뜨리고, 결국 도시 주민 모두를 '해방'시키는 과정을 담고 있다.

체성마저도 날조된 허구라는 것이다. 이는 두 영화가 만들어진 각각의 시기의 주된 사회적 우려와 관심사(인구 폭발과 환경 오염 대 가상 현실과 생명 조작)가 무엇이었는지를 흥미로운 방식으로 반영하고 있다.

영화의 소재인 복제 인간은 SF에서 매우 흔하게 다루어졌던 소재여서 별반 새로울 것이 없고, 복제 인간이 '고치' 속에서 단기간 내에 '제조'된다거나 기억이 재현된다는 발상도 구태(?)를 답습한 것이다. 그러나 「아일랜드」가 그리고 있는 복제 인간의 모습에는 과거 SF에서의 그것과 비교해 중요하게 달라진 점이 있다. 복제 인간을 다룬 진지한 SF 작품들이 줄줄이 선을 보이기 시작한 1970년대를 돌이켜 보면, 당시의 작품들은 복제 인간이 보통 사람과는 다른 뭔가 '특별한' 존재라는 전제를 바탕에 깔고 있었다. 가령 동일인을 복제한 클론들 사이에는 텔레파시와 같은 초지각(ESP)에 의한 의사소통이 가능하다거나 클론들은 서로 군집해 있을 때만 생존 능력을 갖는다거나 하는 식의 설정이 그런 것들이었다.[4] 또한 저명한 역사적 인물의 복제를 소재로 다룸으로써 인간 복제라는 활동 그 자체에 특별한 의미를 부여한 작품이 많았던 것도 이 시기의 특징이었다.[5] 그러나 「아일랜드」

4   복제 인간을 소재로 한 1970년대의 대표적 SF 소설인 어슐러 르 귄의 「아홉 생명」이나 케이트 윌헬름의 『노래하던 새들도 지금은 사라지고』(정소연 옮김, 행복한책읽기, 2005)에서 그런 설정을 볼 수 있다. 두 작품 모두 국내에 번역되어 있는데, 「아홉 생명」은 어슐러 K. 르 귄, 최용준 옮김, 『바람의 열두 방향』(시공사, 2004)과 앨리스 터너 엮음, 한기찬 옮김, 『플레이보이 SF걸작선 1』(황금가지, 2002) 등에 수록되어 있다. 이러한 설정은 복제 인간이라는 새로운 과학적(혹은 기술적) 가능성을 이해하기 위해 일란성 쌍둥이나 개미 같은 군집 생물로부터 이해의 틀을 빌려 오면서 생겨난 결과라 할 수 있다.

5   『브라질에서 온 소년』은 히틀러의 복제를 통한 제3제국의 부활을 꿈꾸는 나치 잔당의 음모를 다루고 있으며, Nancy Freedman, *Joshua, Son of None* (London, Conn.: Granada, 1973)은 존 F. 케네디 대통령의 암살 직후 떼어낸 세포로 케네디를 복제해 태어난 '조슈아'의 이야기를 그리고 있다.

에서는 그러한 시각의 잔재를 전혀 찾아볼 수 없다. 복제 인간은 생명 공학 회사의 이윤 추구의 대상으로, 하나의 '제품'으로 격하되었으며, 그럼에도 외양과 성격에 있어서는 우리와 전혀 다를 바 없는 인간으로 묘사되고 있다. 복제 인간을 만들어 낸 과학자 역시 사회로부터 동떨어져 은둔하는 전형적인 '미친 과학자'가 아니라 한 명의 냉혹한 '사업가'로 그려진다. 이러한 인식 변화의 이면에는 생명 공학을 중심으로 과학의 상업화가 맹렬히 전개되고, '돌리' 이후 연이은 복제 동물의 탄생으로 복제를 더 이상 '신기한' 뭔가로 여기지 않게 된 지난 30여 년의 시간이 가로지르고 있다.

다시 처음 질문으로 돌아가 보자. 「아일랜드」가 한국에서 유독 성공한 것은 과연 황우석 박사의 배아 복제 실험과 개 복제 성공 때문이었을까? 사람들이 영화를 보면서 메릭 박사와 황 박사를 서로 겹쳐 보았으리라는 상상은 구미가 당기는 추측이긴 하지만, 그것으로 모든 걸 설명하기는 어렵다. 흥행을 좌우하는 요인에는 여러 가지가 있을 수 있고, 경쟁작의 부진, 여배우의 인기, 상대적으로 낮게 부여된 관람 등급 같은 요인들의 중요성도 무시할 수 없다. 여기에 한 가지 더 보탠다면, '인체의 신비' 전이나 아인슈타인의 뇌 전시처럼 일견 혐오감을 불러일으키는 과학의 특정 측면에 대해 무비판적인 태도를 보일 뿐 아니라 오히려 이에 대한 관람을 교육적 차원에서 장려하기까지 하는 전반적 사회 분위기를 언급해야 할 것 같다.[6] 이 때문에 서구의 관객들에게 불쾌감을 주고 극장에서 발걸음을 돌리게 했을 영화 속의 '복제 인간 고치' 장면이 한국의 관객들에게는 또 다른 진기한 볼거리의 역할만을 했던 것은 아닐까? 이렇게 보면 「아일랜드」의

흥행 이유는 '황우석 효과'가 아니라 '황우석 현상'을 잉태한 한국의
독특한 과학 문화에서 찾아야 할지도 모를 일이다.

6   아인슈타인의 뇌 전시와 '인체의 신비' 전에 관한 해외에서의 논란은 로리 앤드루스·도로시 넬킨,
김명진·김병수 옮김, 『인체 시장』(궁리, 2006)의 1장과 7장을 참고하라.

'현실적' 인간 복제의 근(近) 미래상

「블루프린트(Blueprint)」
2003년
감독 롤프 슈벨

인간 복제는 오랫동안 수많은 SF 소설과 영화에서 다뤄졌던 '단골' 주제이다. 특히 핵을 제거한 난자에 체세포 핵을 이식해 자궁에 착상시키는 체세포 복제 방식은 복제 양 돌리의 탄생으로 이 기법이 현실화된 1996년 이전에도 많은 SF 작가들의 상상력을 사로잡았던 소재였다.[1] 그러나 앞서 다룬 것처럼 이러한 작품들은 인간 복제가 일상적으로 이뤄지고 있는 먼 미래의 얘기를 다루거나 다분히 비현실적인 설정에 기반한 경우가 대부분이었다. 가령 히틀러와 같은 독재자를 다수 복제해 제3제국의 부활을 꾀한다거나, 부유층의 장기 이식 목

---

1   John Clute and Peter Nichols (eds.), *The Encyclopedia of Science Fiction* (Orbit, 1993), pp. 236-237.

적으로 복제 인간들을 가짜 피난처에서 대량 '사육'한다거나, 심지어 기억까지 이식된 복제 인간을 불과 몇 시간 만에 '찍어' 낸다거나 하는 설정이 그런 것들이다. 이와 같은 설정은 인간 복제에 관한 일반 대중의 인식의 일단을 보여 주기는 하되, 인간 복제가 우리 사회 속에 모습을 드러낼 현실적 가능성과는 다분히 거리가 있었던 게 사실이다.

이와는 달리, 독일의 청소년 작가인 샤를로테 케르너(Charlotte Kerner)가 1999년에 발표한 동명 소설[2]을 영화로 만든 「블루프린트」는 인간 복제 문제를 '지금-이곳'의 현실 사회라는 맥락 속에서 그려 내고 있다. 영화의 주인공인 저명한 피아니스트 이리스 셀린(프랑카 포텐테)은 자신이 중추 신경계를 손상시키는 불치병인 다발성 경화증(multiple sclerosis)에 걸렸음을 알게 된다. 그녀는 자신의 재능을 '온전히' 물려받은 아이를 갖고자 하는 욕망에서 캐나다의 생식 의학 전문가인 마틴 피셔 박사(울리히 톰센)에게 도움을 청하고, 체세포 복제를 통해 딸(이자 쌍둥이) 시리(포텐테의 1인 2역)를 낳아 기른다. 그러나 적당한 시기가 될 때까지 시리에게 '출생의 비밀'을 숨기고자 했던 이리스의 계획은 피셔 박사의 돌연한 폭로로 인해 수포로 돌아가고 만다. 충격을 받은 시리는 심리적 공황 상태에 빠지고, 자신을 피아니스트로 만들려는 이리스의 계획에 반항하며 그녀의 곁을 떠나 캐나다에서 홀로 생활한다. 2년 후 독일로 돌아와 이리스의 임종을 지켜본 시리는 "자기 자신의 죽음에서 살아남아" 새로운 생활을 시작한다.

---

2   원작 소설은 국내에서 번역, 출간되어 있다. 샤를로테 케르너, 이수영 옮김, 『블루프린트』(다른우리, 2002). 인공 자궁을 소재로 유사한 주제를 다룬 케르너의 소설 『1999년생』(차경아 옮김, 경독, 2005)도 음미해 볼 만한 문제의식을 담고 있다.

잘 알려진 것처럼, 아직까지 지구 상에서 그 탄생을 공식적으로 '인정' 받은 복제 인간은 한 명도 없다. 이탈리아의 인공 임신 전문의 세베리

노 안티노리(Severino Antinori) 박사가 2000년에 복제 인간 3명을 탄생시켰다고 주장한 적이 있고, 2002년에는 신흥 종교 집단 라엘리안 무브먼트와 연관된 클로네이드 사에서 최초의 복제 아기 '이브'의 탄생을 발표한 바도 있지만, 모두 그에 걸맞는 증거를 내놓지 못함으로써 진위 여부 논란이 흐지부지되었다. 하지만 그럼에도 불구하고 머지않은 미래에 복제 인간의 탄생이 불가피할 거라는 인식은 여전히 강력하게 남아 있다. 이러한 상황에서 「블루프린트」는 우리 사회에 정말 복제 인간이 등장한다면 과연 어떤 경로를 거치게 될까라는 질문에 대해 개연성이 있는 한 가지 경로를 제시한다. 불치병에 걸린 천재 피아니스트와 공명심에 불타는 과학자의 결합이 그것인데, 피아니스트는 자아도취 내지 자기애(愛)의 발로에서 자신의 넘치는 재능을 그대로 빼다 박은 아이를 낳으려 한 반면, 동물 복제를 전문으로 하는 과학자는 현행법을 어기는 한이 있더라도 세계 최초라는 자리에 올라서고 싶은 — 더 나아가 이를 통해 인간 복제 금지법을 무력화시키려는 — 욕심에서 제안을 수락한다. 결국 이기심에 근거해 서로를

이용한 이들 간의 '부정한 동맹'은 한순간의 감정적 폭발로 인해 와해되고 만다.

이 영화가 더욱 흥미로워지는 지점은 복제 인간의 탄생 과정에서 최초의 복제 인간이 겪게 되는 경험의 묘사로 초점이 옮겨지면서부터다. 사춘기에 접어든 이후 자신이 복제 인간임을 뒤늦게 알게 된 시리는 엄청난 정신적 외상(外傷)을 입는다.[3] 자신이 어머니(내지 쌍둥이 언니)의 전적인 이기심에 의해 잉태되었다는 인식(자기 이름 Iris의 철자를 거꾸로 읽어 아이 이름을 붙이는 '악취미'까지 포함해서), 원본과 끊임없이 비교 당하면서도 원본이 지닌 '아우라'를 결코 넘어설 수 없는 복사본(블루프린트)의 운명에 대한 자각, 어머니를 통해 자신의 30년 후 미래를 미리 엿보는 불안감, 여기에 세계 최초의 복제 인간에 대한 언론의 광적인 취재 경쟁과 사람들의 호기심 어린 시선까지 더해지면서 정신적 혼란은 결국 자살 기도에까지 이르게 된다. 이리스와 시리 간의 갈등 양상은 일견 엄마와 성장한 딸의 대립이나 청소년기의 반항 심리 같은 흔해 빠진 구도와 별반 다르지 않은 것처럼 보이지만, 그것이 인간 복제 문제와 겹쳐지면서 새로운 차원의 긴장감을 낳고 있다는 데 주목할 필요가 있다.

현재 인간 복제에 대해서는 대다수의 과학자나 생명 윤리학자들이 인간의 존엄성 파괴를 들어 법적으로 금지해야 한다는 입장을 취

---

3   소설과 영화는 이 대목에서 차이를 보인다. 소설에서는 시리가 자신이 복제 인간이라는 사실을 어릴 때부터 알고 자라며, 이리스에게 '엄마+쌍둥이'라는 의미를 담은 무쯔비(Muzwi)라는 이름을 붙여 주기도 한다. 반면 영화에서는 이리스와 피셔 박사가 인간 복제는 현행법 위반이라는 점과 아이에게 줄 충격을 감안해 이를 비밀로 하고 나중에 시리가 갑작스럽게 이 사실을 접하게 되는 것으로 설정해 갈등을 더욱 극적으로 끌어올리고 있다.

하고 있다. 그러나 인간 복제에 매우 관대한 태도를 취하는 과학자와 생명 윤리학자도 소수 있다. 이들은 인간 복제에 대한 거부감이 오히려 유전자 결정론이라는 잘못된 전제에 입각해 있다고 비판하면서, 이는 단지 나이 차이가 나는 쌍둥이를 만들어 내는 것에 불과하므로 자연적으로 존재하는 일란성 쌍둥이 이상으로 이상하게 여길 이유가 없다고 주장한다. 이들은 복제가 아니라 유전적 형질을 변형시키고 자연에 없던 새로운 생명체를 만들어 내는 유전자 조작이 오히려 더 문제라고 종종 지적하기도 한다.[4] 그러나 이런 식의 논리는 최초로 태어날 복제 인간(들)이 실제로 맞닥뜨릴 현실을 감안하지 않은 무책임하고 편의주의적인 발상이라는 비판을 피해 가기 어려우며, 「블루프린트」는 바로 이 지점에서 극중 시리의 입을 빌려 인간 복제에 대한 찬성 논리에 설득력 있는 반대 근거를 제공한다.

「블루프린트」의 원작 소설에서는 시리와 같은 최초 복제 인간(들)의 탄생 이후 인간 복제가 제한적 범위 내에서 제도적으로 허용되는 것으로 그려진다. 반면 영화에서는 복제 연구에 관여한 과학자는 현행법 위반으로 구속되고 (분명치는 않지만) 더 이상 복제 인간은 만들어지지 않는 것처럼 암시된다. 언젠가 복제 인간이 실제로 태어난다고 할 때 우리 사회는 과연 어느 쪽 경로를 선택하게 될까?

---

4 국내에서 이런 입장을 대변하는 대표적 논객은 최재천 교수이다. 그는 복제 아기 이브의 탄생이 발표된 직후인 2003년 1월에 "복제 인간은 출산 시기가 많이 벌어진 쌍둥이에 불과하다. …… 세상에 쌍둥이들이 좀 많아진다는 것이 그렇게도 끔찍한 일인가."라는 물음을 던지면서 "몇 번의 시행착오를 거치며 복제 인간에 대한 매력과 호기심은 의외로 빨리 사라질 것."이라고 덧붙이고 있다. 최재천, 「출생 시간 많이 벌어진 쌍둥이일 뿐」, 《과학동아》 2003년 1월호, pp. 46-49.

다가올(온) 미래, 다가오지 않을 미래

「**가타카**(Gattaca)」
1997년
감독 앤드루 니콜

인간의 DNA를 구성하는 네 개의 염기를 나타내는 문자 A, G, C, T 로만 구성된 제목을 가진 영화 「가타카」는 인간 게놈에 대한 분석이 종료되어 개인의 앞날을 손바닥 들여다보듯 훤히 내다볼 수 있게 된 "그리 멀지 않은 미래"를 배경으로 하고 있다. 이 사회에서 모든 사람은 태어나자마자 유전자 검사를 받아 미래에 어떤 질병에 걸릴 것이며 몇 살까지 살 수 있는지를 미리 통고 받는다. 또한 이 사회에서는 착상 전 유전자 진단(preimplantation genetic diagnosis, PGD)과 배아 단계에서의 유전자 치료(gene therapy)가 가능하며 또한 보편화되어 있다. 이에 따라 질병이나 바람직하지 않은 형질은 제거하고 그 외의 형질은 향상시킨 유전적 '적격자(valid)'들은 사회의 엘리트로 편입되며, 그런 과정을 거치지 않고 자연 수정으로 태어난 이른바 '부적격자 (in-valid)'들은 유전적 하층 계급으로 전락하는 신세가 된다. 영화의 주인공 빈센트 안톤 프리먼(에단 호크)의 말마따나, "이제 사회적 지위나 피부색이 아니라 과학에 근거한 차별이 일어나는" 그런 사회가 되어 버린 것이다.

빈센트는 인공적 조작을 거치지 않고 태어난 '신의 아이'로, 출생하자마자 심장 질환 확률 99퍼센트에 예상 수명은 30세에 불과하다는 선고를 받는다. 그는 어릴 때부터 우주 비행을 꿈꾸며 성장한다. 그러나 우주 탐사 프로젝트를 추진하고 있는 회사 '가타카'에 유전적으로 우수한 엘리트들만이 들어갈 수 있음을 알게 되자, 그는 자신의 꿈을 실현하기 위해 이른바 '빌린 사다리' — 다른 사람의 신원을 빌려 정해진 자신의 '운명'을 넘어서려 시도하는 사람 — 가 되기로 결심한다. 그는 우수한 유전자를 갖고 태어났지만 역시 자신에게 주어진 '완전성'을 다른 방식으로 '거부'한 제롬 모로우(주드 로)의 이름으로 가타카에 입사하고 그의 신체 물질을 가지고 회사의 유전자 감시망을 속인다. 결국 빈센트는 유전적으로 '결정된' 자신의 미래를 넘어서 타이탄 탐사길에 오른다.

생명 공학을 소재로 한 영화들은 시험관 아기 같은 보조 생식 기술이 등장하고 DNA 재조합 기법이 개발된 1970년대부터 만들어지기 시작했고 1990년대로 접어들면서 그 수가 급증했다. 그러나 이 영화들은 (인간) 복제에 의한 정체성 혼란이나 유전 공학으로 만들어진 '괴물'의 위협을 다룬 것들이 대부분이었고, 인간 게놈 프로젝트의 진전과 함께 문제로 부각된 유전자 검사와 인간에 대한 유전자 조작(유

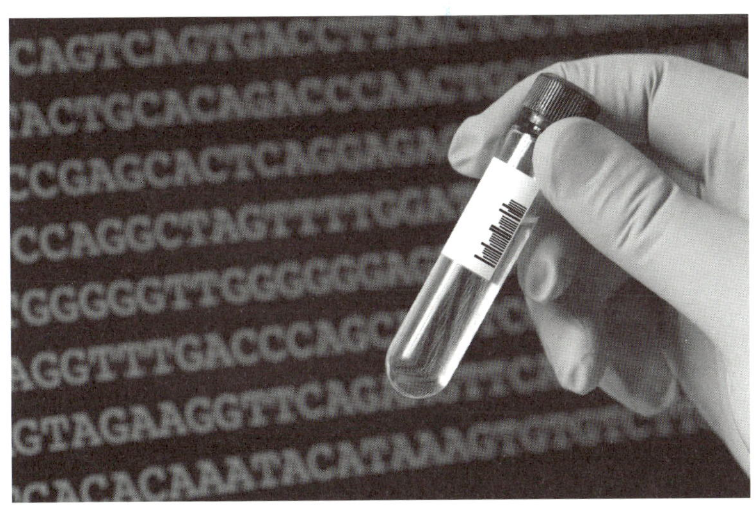

전자 치료)을 다룬 영화들은 상대적으로 드물었다. 이런 점에서 「가타카」는 상당히 독특한 위치를 점하는 영화라고 할 수 있다.[1] 특히 「가타카」는 억압적 국가/과학 권력의 강제가 아닌, 부모들(더 나아가 사회 일반)의 선호가 새로운 우생학의 위험을 불러올 수 있음을 보여 준다는 점에서 주목할 만하다.

1   David A. Kirby, ¨The New Eugenics in Cinema: Genetic Determinism and Gene Therapy in GATTACA,¨ *Science Fiction Studies*, 27:2(July 2000): 193–215. 〔http://www.depauw.edu/sfs/essays/gattaca.htm〕 반면 영화가 아닌 과학 소설 중에서는 인간에 대한 유전자 조작을 다룬 작품을 상당히 많이 찾아볼 수 있다. 이 주제에 천착한 1990년대의 대표적 작가는 단연 낸시 크레스(Nancy Kress)인데, 그녀의 작품집 *Beaker's Dozen* (New York: Tor Books, 1998)은 이 주제와 관련된 여러 편의 걸작 중·단편들을 담고 있고, 여기 수록된 중편 「스페인의 거지들」은 월간 《판타스틱》 2008년 5월호에서 7월호까지 세 차례에 걸쳐 번역, 연재된 적이 있다. 흥미로운 것은 그녀의 작품들에서 '유전적으로 향상된' 인간이 사회의 엘리트로 대접 받는 것이 아니라 사회로부터 배척 당하고 차별 받는 존재로 그려진다는 점이다. 이 작품집에는 실리지 않았지만 「가타카」와 주제 의식이 서로 통하는 크레스의 '착한' SF 단편 「모하메드를 찾아간 산」은 홍인기 씨의 개인 홈페이지(http://inkeehong.com/articles/11 translation/791 oe cie a e.html)에 우리말 번역본이 있다.

「가타카」에 묘사되고 있는 미래 사회를 보면서 대부분의 사람들은 자연스럽게 이런 의문을 품게 될 것이다. "과연 앞으로 이런 세상이 진정 도래할 것인가?" 이에 대한 답은 '그렇다.'이기도 하고 '아니다.'이기도 하다. 먼저 이 영화에서 묘사된 것과 같은 '자발적 우생학'이 등장할 가능성은 매우 높다. 그런 시술들 중 일부는 현재에도 시행되고 있다. 영화가 만들어진 1990년대 말에 이미 착상 전 진단을 통해 유전병을 가진 배아를 제거한 후 태어난 아이들이 100명이 넘었고, X-염색체와 Y-염색체를 가진 정자를 분리해 수정시킴으로써 성을 미리 결정해 태어난 아이가 2000명이나 되었다.[2] 물론 처음에는 이런 시술들이 환자에 대한 '치료'를 목적으로 개발되어 도입될 것이다. 그러나 왜소증 치료에 쓰이는 인간 성장 호르몬, 폐경기 여성을 위한 호르몬 대체 요법, 우울증 치료제 프로작(Prozac) 등의 전례에서 알 수 있듯, 치료(treatment)와 향상(enhancement)의 구분은 극히 모호하기 때문에 이는 손쉽게 그 적용 범위를 확대해 갈 공산이 크다.[3] 그리고 유전자에 근거한 차별 역시 특정 질병 내지 형질에 관여하(는 것으로 믿어지)는 유전자가 속속 밝혀지면서 이미 나타나고 있다. 미국의 예를 보면, 특정 질병에 걸리지 않았음에도 해당 유전자를 가졌다거나 유전자 검사를 기피한다는 이유만으로 보험이나 고용에서 차별을 받은 사례들이 숱하게 보고되었다.[4] 이런 측면들에 주목한다면 「가타카」

---

2   Kevin Davies, "Discrimination Down to a Science," *Nature*, 390(6 November 1997): 33.

3   Gretchen Vogel, "From Science Fiction to Ethics Quandary," *Science*, 277(19 September 1997): 1753-1754.

4   로리 앤드루스·도로시 넬킨, 김명진·김병수 옮김, 『인체 시장』(궁리, 2006), 5장.

의 미래 사회는 이미 도래해 있다고도 말할 수 있으며, 우리가 은밀한 우생학과 유전자 차별로 향하는 '미끄러운 경사길'을 제어할 수 있는 적절한 법적·제도적 장치를 갖추지 않는다면 그러한 경향은 더욱 가속화될 것이다.

그러나 유전자를 통해 어떤 사람의 미래를 속속들이 들여다보고 이를 고칠 수 있는 사회가 머지않아 도래할 것인가, 하는 쪽으로 질문을 바꿔 보면 이에 대한 답변은 부정적이다. 물론 우리가 이미 알고 있는 게놈 염기 서열에 기반해 앞으로 개별 유전자들의 기능을 규명해 낸다면 특정 질병에 관여하는 유전적 요인들에 대해서는 분명 과거보다 더 많이 알게 될 것이다. 그러나 이것이 미래에 병에 걸릴지 여부를 정확히 알게 해 주는 것은 아니다. 왜냐하면 인간의 질병은 유전자에 의해서만 결정되지 않으며 다양한 사회적·환경적 요인들이 함께 작용해 나타나기 때문이다. 또한 질병이 아닌 다른 형질들의 경우에도 이를 유전자만으로 설명하는 데는 한계가 있다. 유전자와의 연관 여부 자체가 의심 받고 있는 동성애나 알콜 중독, 폭력 성향과 같은 사회적 특성의 경우는 두말할 나위도 없을 것이다. 생물학자 리처드 르원틴(Richard Lewontin)은 생물 개체들 간에 나타나는 차이가 유전자, 발생 환경, 그리고 발생 과정에서의 우연, 이 세 가지 요소가 서로 뒤얽혀 빚어내는 현상('삼중 나선')이라고 보았다.[5] 따라서 피 한 방울, 머리카락 한 가닥만으로 어떤 사람의 미래를 예언할 수 있다는 영화 속 사회의 이데올로기는 다분히 과장된 측면이 크다.

5   리처드 르원틴, 김병수 옮김, 『삼중 나선』(잉걸, 2001).

　　결국 「가타카」가 그려 내고 있는 미래 사회는 '유전자가 모든 것을 결정하는' 사회라기보다는, '유전자가 모든 것을 결정한다는 잘못된 담론(유전자 결정론)이 지배하고 있는' 사회이며, 영화는 예언된 미래를 따르지 않은 두 사람의 엇갈린 행보를 보여 줌으로써 그러한 담론을 정면으로 비판하고 있다.[6] 현재의 어떤 경향을 극단화시켜 보여 줌으로써 경각심을 불러일으키지만, 실제로는 결코 도래하지 않을 그런 세계, 그것이 바로 「가타카」의 미래 사회인 셈이다.

6　Aylish Wood, *Technoscience in Contemporary American Film: Beyond Science Fiction* (Manchester: Manchester University Press, 2002), pp. 166–173.

과학자, 괴물,
유전 공학

「플라이(The Fly)」
1986년
감독 데이비드 크로넨버그

SF 영화에 나오는 괴물의 이미지를 연구한 인류학자 페르 셸데(Per Schelde)는 SF 영화의 장르적 관습을 분석하면서 여기에 단골로 등장하는 세 가지 캐릭터 ― 평범한 주인공, 과학자, 괴물 ― 를 제시한 바 있다. 그에 따르면 SF 영화의 전형은 현대적 '샤먼(shaman)'이자 '초인'이며 낭만주의 시대의 천재 예술가와도 같은 특징을 지닌 과학자가, 세상을 더 살기 좋은 곳으로 만들거나 인간의 지식을 새로운 단계로 진보시키려는 목적으로, 자연의 근본 질서를 어지럽히거나 신의 영역을 침범하는 등 정해진 경계를 넘는 행위를 저질러 결국 세상을 위협하는 '괴물'을 만들어 내는 것이며, 여기서 평범한 인물인 주인공은 이 모든 과정을 지켜보거나 직접 겪게 되는 것으로 그려진다. 이런 점에서 셸데는 SF 영화가 "자연을 지배하려는 시도에 내재한 위험"을 보여 주는 일종의 경고로서의 구실을 한다고 말한다.[1]

1958년에 제작된 원작 영화를 데이비드 크로넨버그가 1986년에 리메이크한 「플라이」는 셸데가 제시한 전형을 아주 잘 보여 준다. 극의 중심에는 20살에 이미 "노벨 물리학상을 받을 뻔"했고 지금은 "우리가 알고 있는 세상과 인류의 삶을 바꿔 버릴 뭔가를 연구하고 있는" 천재 과학자 세스 브런들(제프 골드블럼)이 있다. 브런들은 칵테일 파티에서 우연히 만난 과학 잡지사 기자 로니(지나 데이비스)에게 자신의 물체 전송 연구를 소개한 후, 이를 더욱 발전시켜 생명체의 전송에 성공을 거둔다. 그러나 로니의 전 남편이자 잡지사 편집장인 스태티스(존 게츠)와 로니의 관계를 질투한 브런들은 충동적으로 자기 자신의 전송 실험을 감행하고, 이 과정에서 물체 전송기에 들어온 파리와 합성되고 만다. 전송 후 브런들은 일시적으로 놀라운 힘과 함께 난폭하고 충동적인 성향을 갖게 되는데, 전송 과정에서 뭔가가 잘못되었다는 로니의 말에 대해 브런들은 자신이 "정화(淨化) 과정"을 거쳤을 뿐이라고 주장한다. 그러나 브런들은 자신이 파리와 합성되어 점차 인간으로서의 모습을 잃고 있음을 뒤늦게 깨닫게 되고, 결국 거대한 '브런들-파리(Brundle-fly)'로 변모해 로니의 손에 최후를 맞는다.

1986년에 리메이크된 「플라이」는 여러 가지 면에서 1958년의 원작 「플라이」와 주목할 만한 대비를 이룬다.[2] 1958년 영화는 천재 과학자

1   Per Schelde, *Androids, Humanoids, and Other Science Fiction Monsters: Science and Soul in Science Fiction Films* (New York: New York University Press, 1993), chap. 2.

2   1958년 원작 「플라이」와 이듬해 만들어진 속편 「돌아온 플라이」도 국내에 DVD로 출시되어 있다.

안드레의 기묘한 '자살'이 있은 후 안드레의 부인이 그 사건에 원인을 제공한 안드레의 비밀 실험을 회고하면서, 과연 물체 전송 실험 과정에서 어떤 치명적 사고가 있었는지가 점차로 밝혀지는 일종의 미스터리극과 같은 구조를 갖고 있다(전송 과정에서 안드레와 파리를 구성하는 "원자들이 서로 뒤섞여" 안드레는 파리의 머리와 왼팔에 집게손을 단 모습으로 변하고, 파리는 사람의 머리와 팔을 갖게 되었음이 나중에 밝혀진다. 전형적인 1950년대 B급 영화의 상상력을 보여 주고 있는 셈이다.). 반면 크로넨버그의 리메이크는 브런들이 파리와 "분자-유전학적(molecular-genetic) 수준에서" 합성된 후 점차로 파리를 닮아 가는 '변태' 과정을 세세하게 묘사하는 데 초점을 맞춘다. 이는 과학자의 경솔함과 오만함에 대한 경고를 특징으로 하는 SF 장르와 외부로부터 들어온 '타자'의 침입에 의해 자아의 정체성과 온전성이 위협 받는 호러 장르의 관습을 결합시키고 있다는 점에서 흥미롭다.[3]

과학 실험의 결과로 괴물이 만들어지는 과정은 다양하며, 그 자체로 과학을 둘러싼 사회적 환경의 변화를 반영하고 있다. 이 중 「플라이」는 잘못된 실험의 결과로 과학자 자신이 괴물로 변한다는 모티브를 취하고 있는데, 이런 모티브의 원조는 두말할 것 없이 영국의 작가 로버트 루이스 스티븐슨(Robert Louis Stevenson)이 1886년에 발표한 중편 소설 『지킬 박사와 하이드 씨(*Dr. Jekyll and Mr. Hyde*)』이다.[4] 이런

---

3   J. P. Telotte, *Science Fiction Film* (Cambridge: Cambridge University Press, 2001), pp. 182-195.

4   아동용 판본이 아닌 최초의 국내 완역본은 로버트 루이스 스티븐슨, 전형준 옮김, 『지킬 박사와 하이드 씨』(새움, 2003)이다.

1958년작 영화 「플라이」의 홍보 스틸.

모티브의 특징은 과학자가 괴물로 변하는 것이 금기시된 지식을 추구한 '일탈 행위'에 대한 일종의 '천벌'로서 제시된다는 것이다. 「플라이」의 경우는 '일탈'의 의미가 다소 약하지만, 굳이 따져 본다면 신이 창조해 낸 피조물(즉, 생명체)을 '해체'해 '재조립'함으로써 신의 영역을 넘본 행위에 대한 '벌'이라고 할 만하다.[5]

그러나 「플라이」에는 『지킬 박사와 하이드 씨』의 모티브로부터 벗어난 측면도 찾아볼 수 있다. 이 소설에서 약물에 의해 만들어진 '괴물'인 하이드는 지킬 박사가 품은 은밀한 욕망이 표출된 결과물로 설정되어 있다. 바꿔 말해 하이드는 비록 겉모습은 다르지만 사실 지킬 박사 그 자신이며, 지킬 박사의 어두운 '분신'인 것이다. 20세기 초에 만들어진 수많은 '미친 과학자' 영화들에서 괴물로 변한 과학자가 세계 지배를 획책하는 것 역시 실상 과학자 자신의 어두운 욕망이 분출한 결과로 볼 수 있다. 따라서 이런 영화들에서 과학자가 괴물로 변하고 종국에 파멸을 맞는 것은 일종의 '인과응보'로 그려지는 것이 보통이다.[6] 반면 「플라이」(원작과 리메이크 모두)에서 과학자는 사악한 존재가 아니라 근본적으로 훌륭한 동기를 가지고 있는 인물이며, 괴물로 변한 과학자는 '가해자'라기보다 과학의 불확실성이 빚어낸 '희생자'로서의 이미지에 더 가깝다. 2004년에 제작된 「스파이더맨 2」에서 거의 그대로 변주되고 있는 이런 이미지는 1950년대 이후 과학자를 바라보는 시각이 상당히 변화했음을 살 보여 준다.

1986년에 리메이크된 「플라이」는 신체가 허물어지고 그 일부(성기를 포함해)가 떨어져 나가는 모습을 끔찍하리만큼 자세히 그려 냄으로써 1980년대를 휩쓸었던 AIDS에 대한 공포를 은유한 작품으로 흔히 평가되어 왔다.[7] 그러나 이 작품을 유전 공학의 위험성에 대한 은

5   Schelde, 앞의 책, p. 55.

6   스펜서 웨어트, 「미친 과학자로서의 물리학자」, 김명진 엮고 지음, 『대중과 과학 기술』(잉걸, 2001), pp. 131-135.

7   박찬욱, 『영화 보기의 은밀한 매력 — 비디오드롬』(삼호미디어, 1994), pp. 261-266; Paul

유로 보는 것도 그에 못지않게 그럴싸해 보인다. 브런들과 파리가 "분자-유전학적 수준"에서 분리할 수 없이 합쳐져 버렸다는 기본 설정도 그렇고, 극중에서 브런들 자신이 "물체 전송기가 유전자 접합기(gene splicer)로 변해 버렸다."고 말하는 것도 사뭇 의미심장하다. 그렇다면 서로 생식할 수 없는 두 종의 '이종 교배'로 만들어진 브런들-파리는 역시 자연계에서는 유전 물질을 주고받을 수 없는 종들을 결합시켜 만든 유전 공학적 창조물에 대한 일반 대중의 무의식적 공포를 시각적으로 형상화한 이미지로 볼 수 있지 않을까?

Coates, *Film at the Intersection of High and Mass Culture* (Cambridge: Cambridge University Press, 1994), pp. 40-43.

통제를 벗어나 진화하는 괴물

「미믹(Mimic)」
1997년
감독 길레르모 델 토로

미국의 저명한 사회 비평가인 제러미 리프킨(Jeremy Rifkin)은 1998년에 줄간한 자신의 책 『바이오테크 시대(*The Biotech Century*)』에서 다가올 21세기를 '생명 공학의 세기'라고 부르면서 그것의 작용 기반을 구성하는 일곱 가지 요소를 열거한 바 있다. 그는 이 중 세 번째 요소로, 종(種) 간의 벽을 뛰어넘은 유전자 조작을 통해 실험실에서 새로이 만들어 낸 '제2의 창조물'들을 지구 생물권에 방출하는 것을 꼽았다. 그는 유전자 변형 생물체(GMO)를 자연 환경에 방출하는 것이 생태계에 잠재적인 위협이 될 것이며, 이러한 '유전자 오염'은 과거 석유화학 물질에 의해 저질러진 오염보다 훨씬 더 파괴적일 수 있다고 경고하고 있다. 그는 이런 판단의 근거로 유전자 변형 생물체는 석유 화학 물질과 달리 살아 있으므로 환경 속에서 다른 생물과 상호 작용하는 방법을 예측하기가 근본적으로 불가능하다는 점, 유전자 변형 생물체는 번식하고 성장 과정에서 다른 곳으로 이주하기 때문에 일단 방출하고 나면 사실상 실험실 안으로 다시 회수해 들일 수 없다는 점을 들었다.[1] 「미믹」은 바로 이러한 경고에 착안해 만들어진 호러 영화이다.

뉴욕에 심각한 신종 아동 전염병이 발생하고 수많은 인명 피해를 낸다. 곤충 생태학자인 수전 타일러(미라 소비노)는 전염병의 매개체인 바퀴벌레를 제거하기 위해 흰개미와 사마귀의 유전자를 결합해 '유다스'라는 새로운 천적을 창조한다. 유다스는 유전자 조작을 통해 바퀴벌레를 죽이는 독소를 분비하면서 수명이 6개월을 넘기지 않도록 만들어졌다. 이러한 타일러의 방법은 성공을 거두어 전염병의 기세는 수그러들고, 그녀는 아이들을 구해 낸 일등 공신으로 찬사를 받는다. 그러나 3년 후 그녀는 동네 아이들이 잡아 온 곤충 샘플을 보고 유다스가 뉴욕의 오래된 지하철 선로 속에 아직 살아 있으며 스스로 진화를 거듭해 마치 인간과도 같은 외양을 가진 존재가 되었음을 알게 된다. 이제 그녀와 그녀의 남편, 당직 경찰관, 납치된 아이를 찾으러 온 구두 수선공 등은 음습한 뉴욕의 지하철 선로에서 자신들의 목숨을 보전하고 괴물들이 바깥세상으로 퍼져 나가기 전에 섬멸하기 위한 사투를 벌인다.

과학이 만들어 낸 영화 속 괴물의 역사에서 「미믹」은 가장 최신의

---

1   제러미 리프킨, 전영택·전병기 옮김, 『바이오테크 시대』(민음사, 1999).

단계를 나타낸다. 1930년대에는 과학자가 시체 조각이나 기계 장치를 이용해 반인반수(半人半獸)의 생명체나 인조인간을 창조해 내었고(「프랑켄슈타인」), 1950년대에는 핵 실험에 의해 해저 깊숙이 잠들어 있던 태초의 괴물이 깨어나거나 핵 실험에서 나온 방사선으로 거대해진 개미가 인간을 습격했으며(「고지라」, 「뎀!」), 1970년대에는 환경 속에 방출된 독성 화학 물질에 의해 물고기, 악어 따위가 위협적인 존재로 탈바꿈해 생태계를 위협했다면(「피라냐」, 「앨리게이터」, 「심해의 공포」),[2] 1990년대부터는 과학자들이 유전 공학적 기법을 써서 만들어 낸 괴물이 스크린을 수놓기 시작한 것이다. 이러한 흐름은 해당 시기에 어떤 과학 기술이 당대 대중의 상상력을 사로잡았으며 또 가장 많은 우려를 자아냈는가를 반영하고 있다. 1990년대 중반 이후부터 등장하기 시작한 「미믹」, 「딥 블루 씨」, 「스플라이스」 같은 작품들에서 과학자들은 (대체로) 기업의 후원을 받아 근본적으로는 선한 동기에서 새로운 유전 공학적 생명체를 만들어 낸 부모 같은 존재로 그려지지만, 그럼에도 불구하고 일단 '지니'가 병 속에서 빠져나가면서부터는 자신이 만들어 낸 피조물에 대한 통제력을 잃게 되는 것으로 묘사된다.[3]

그렇게 보면 「미믹」은 줄거리 전개나 비주얼의 측면에서 기나긴 전통을 답습한 다분히 진부한 영화로 보일 수 있다. 과학자가 실험실에

---

2   Andrew Tudor, *Monsters and Mad Scientists: A Cultural History of the Horror Movie* (Oxford: Blackwell, 1989).

3   John Kenneth Muir, "CULT MOVIE REVIEW: Splice(2010)". 〔http://johnkennethmuir. wordpress.com/2010/11/08/cult-movie-review-splice-2010〕

서 '괴물'을 만들어 내고 그에 의해 위협을 받는다는 기본 설정은 물론이고, 괴물에 대한 시각적 묘사에 있어서도 「에일리언」이나 「스타쉽 트루퍼스」 등의 영화와 비교해 특별히 내세울 만한 점이 있다고 보기는 어렵다. 과학적 세부 묘사의 측면에서 보아도 「미믹」의 설정에는 터무니없는 비약이 존재한다. 손가락 마디만 한 크기의 벌레였던 것이 진화를 통해 불과 3년 만에 사람만 한 크기로 커졌고 동시에 기관 호흡에서 폐 호흡을 발전시켰다고는 도저히 믿기 어렵기 때문이다.

그러나 그런 세부 묘사의 맹점을 잣대로 들이밀어 「미믹」을 비판하는 것은 아마도 온당치 못할 것이다. 그보다는 이를 생물체에 대한 유전자 조작과 그것의 환경 방출이 내포하는 불확실성과 위험을 강조한 일종의 '과학적 우화'로 보는 것이 더 낫지 않을까? 타일러는 극중에서 "중요한 것은 (3년이라는) 시간이 아니라 세대수"라며, "유인원에서 인간이 되기까지는 4만 세대가 걸렸는데, 유다스의 경우에는 유전자가 변형되었기 때문에 얼마나 많은 세대가 지나갔는지를 알 수 없다."고 말하고 있다. 또한 타일러의 은사인 게이츠 박사(F. 머레이 에이브러햄)는 실험실과 외부 생태 환경이 서로 다른 수준의 불확실성에 노출되어 있음을 제자에게 상기시킨다. 여기에 「미믹」은 '곤충이 때로 진화하면서 천적을 닮는다.'는 설정을 재치 있게 끼워 넣고 있다. 유다스는 자신의 가장 큰 천적인 사람을 닮아 인간 사회 속에서 섞여 살아갈 수 있도록(물론 뉴욕과 같은 대도시에서나 가능한 얘기겠지만) 진화했다는 것이다.

이제 SF적 상상력의 세계를 벗어나 우리가 살고 있는 세계로 와 보자. 여기에는 물론 진화한 유다스와 같은 괴물은 존재하지 않는다.

대신 이곳에는 실험용 유전자 변형 쥐, 유전자 변형 작물, 유전자 변형 양식 어류 등이 존재하고, 이 중 일부는 이미 자연 환경 속으로 방출된 상태이다. 이에 대해 그간 실험실에서 새로이 만들어진 이러한 변종들이 새로운 병원성 바이러스를 만들어 내거나, 꽃가루 이동을 통해 토종 종자를 '오염'시키고 유전적 다양성을 해치거나, 인근 환경 속으로 달아나 과거 외래종들이 그랬듯 토착 생태계를 파괴할지도 모른다는 우려가 지속적으로 제기되어 왔고, 그 중 일부는 이미 사실로 확인되고 있다. 가령 유전자 변형 작물로 인한 유전자 오염 문제는 지난 10년간 중대한 문제로 부상했다. 이 문제는 2001년에 유전자 변형 작물의 상업적 재배가 금지되어 있던 멕시코 남부의 야생종 옥수수에서 변형 유전자가 발견되었다는 연구 결과가 발표되면서 전 세계적으로 주목을 받았다.[4] 또한 지난 20년간 5만 곳의 유전자 변형 작물 시험 재배지가 허용된 미국에서는 1990년대 후반 이후 10여 차례의 유전자 오염 사고가 발생했다. 식용으로 허가가 나지 않은 제초제 저항성 쌀 품종이 식품 유통망에 흘러든 일도 있었고, 돼지 백신 생산을 위해 만들어진 옥수수 품종이 식용 대두 품종을 오염시키기도 했다.[5] 과연 그런 위험은 무시해도 좋은 정도에 불과한 것일까? 현실

<hr>

4   이런 내용을 담은 데이비드 퀴스트(David Quist)와 이그나치오 차펠라(Ignacio Chapela)의 논문은 《네이처》에 실려 이후 치열한 논쟁의 대상이 되었는데, 《네이처》는 저자들의 동의 없이 이 논문에 대한 승인을 일방적으로 철회해 산업체로부터의 압력에 굴복했다는 비판을 받았다. 프레드 피어스, 「멕시코 옥수수 스캔들」, 《시민과학》 39호 (2002년 8월호): 38-41을 보라. 퀴스트와 차펠라의 연구 결과는 이후 멕시코 정부가 위촉한 연구에서도 확인되었으나, 4년 후에 실시된 후속 연구에서는 멕시코의 옥수수 종자에서 전이 유전자가 사라진 것으로 나타나 그 해석을 두고 분분한 의견을 낳기도 했다. Emma Marris, "Four Years On, No Transgenes Found in Mexican Maize," *Nature* 436 (11 August 2005): 760.

속의 우리가 해야 할 일은 아마도 「미믹」의 허무맹랑함을 비판하는
것이 아니라 이런 질문에 답하는 것일 터이다.

5   김명진, 「GM식품 논쟁의 현 주소」, 《시민과학》 72호 (2008년 5/6월호): 19-26.

새로운 프랑켄슈타인, 나노 기술 30

「카우보이 비밥 극장판—천국의 문(カウボーイビバップ—天国の扉)」
2001년
감독 와타나베 신이치로

나노 기술(nanotechnology)은 생명 공학, 인터넷, 로봇 공학 등과 함께 21세기를 이끌어 갈 것으로 전망되곤 하는 첨단 기술 분야 중 하나이다. 나노 기술은 원자나 분자의 크기에 해당하는 나노미터(10^{-9}미터) 수준에서 대상을 관찰하거나 조작하는 기술을 일컫는데, 이는 화장품과 가전제품 등에 쓰이는 각종 나노 입자나 최근 전자 공학과 재료 공학에서 각광 받고 있는 탄소 나노튜브의 형태로 이미 일상생활 속에 침투하고 있다. 아울러 에릭 드렉슬러(K. Eric Drexler)와 같은 나노 기술의 전도사들은 '어셈블러(assembler)'라고 불리는 초소형 나노로봇이 원자나 분자들을 차곡차곡 쌓아 올려 우리가 원하는 것은 무엇이든 저렴하게 만들어 내는 미래가 머지않아 도래할 거라는 다분히

공상적인 예측을 내놓기도 했다.[1]

그러나 나노 기술에 대한 투자가 늘고 그에 따라 나노 기술이 점차 SF의 영역에서 일상의 영역 속으로 옮겨 가는 것을 바라보면서 그것이 가져올 수 있는 궁극적 위험을 경고하는 이들도 늘어났다. 나노 기술에 대한 대중적 토론에 불을 붙인 것은 썬 마이크로시스템즈(Sun Microsystems Inc.)의 공동 창립자이자 수석 과학자인 빌 조이(Bill Joy)가 2000년 4월에 인터넷 잡지 《와이어드》에 기고한 「미래에 왜 우리는 필요 없는 존재가 될 것인가(Why the Future Doesn't Need Us)」라는 글이었다.[2] 그는 드렉슬러가 『창조의 엔진(*Engines of Creation*)』에서 제기한 바 있는 묵시록적 전망에 기대어, 이른바 'GNR 기술'(유전 공학, 나노 기술, 로봇 공학)의 발전이 가져올지 모를 파국적 결과에 대해 경고하고 있다. 예컨대 자기 복제하는 '나노봇(nanobot)'이 인간의 통제를 벗어나 마치 꽃가루처럼 바람을 타고 이동하면서 주위 환경에 있는 것들을 모조리 '먹어 치워' 지구 생태계가 절단이 날 수도 있다는 것이다(드렉슬러는 이를 '회색 점액질(grey goo)' 문제라고 불렀다.). 또한 나노 기술이 군사적으로(혹은 테러 행위를 위해) 사용되어, 특정 지역에 살거나 특정한 유전적 특성을 가진 인간 집단에게만 선택적으로 상해를 가하는 파괴적 장비가 만들어질 수도 있다고 그는 말하고 있다. 일본에서 1998년에 방영되었던 인기 TV 시리즈인 「카우보이 비밥」의 극장판 애니메이션은 바로 후자와 같은 설정에서 힌트를 얻어 만

---

1   에릭 드렉슬러, 조현욱 옮김, 『창조의 엔진』(김영사, 2011).

2   빌 조이, 「미래에 왜 우리는 필요 없는 존재가 될 것인가」, 《녹색평론》 55호(2000년 11/12월호), pp. 83–120.

들어졌다.

화성의 한 고속도로에서 의문의 탱크차 폭발 사고가 발생하고 수많은 사람들이 원인을 알 수 없는 증상으로 죽거나 혼수상태에 빠진다.[3] 치안 당국은 생물 무기를 이용한 테러의 가능성을 의심하지만 이를 입증할 수 있는 증거는 없다. 현상금 사냥꾼인 스파이크 일행은 이 범죄의 배후를 캐다가 군사 연구를 수행하는 제약 회사에서 비밀리에 만들어 낸 나노머신 무기가 테러에 사용되었음을 알게 된다. 이 무기는 평상시에는 림프구 형태를 하고 있지만 인체에 들어가면 수만 개의 자기 복제하는 나노머신으로 분해되어 뇌를 공격해 사람을 죽게 만든다. 스파이크 일행은 나노머신 인체 실험을 받고 기억을 잃은 전직 특수부대원이 테러범이라는 사실을 밝혀내고, 화성의 모든 생명체를 쓸어버리려는 그의 음모에 맞선다.

「카우보이 비밥 극장판」을 보면 '인간의 통제를 벗어나 제멋대로 미쳐 날뛰는 기술'에 대한 대중적 상상력의 영역이 서서히 옮겨 가고 있다는 느낌이 든다. 「쥬라기 공원」, 「미믹」, 「딥 블루 씨」 등에서 볼 수 있듯 1990년대까지 그러한 '프랑켄슈타인 기술'의 상징은 단연 유전자 변형 생물체(GMO)였는데, 이제는 그것이 나노 기술로 이전하고 있는 것이다. 거의 같은 시기에 자기 복제하고 진화하는 나노머신의

3 　「카우보이 비밥 극장판」은 기본적으로 TV판 「카우보이 비밥」의 설정에 근거한 외전(外傳)의 성격을 띠고 있으므로 TV판에 대한 이해가 없는 사람을 위해 간단한 배경 설명이 필요할 듯싶다. 「카우보이 비밥」의 배경은 서기 2070년 전후의 미래로, 인류는 '위상차 게이트'의 네트워크를 이용해 태양계의 여러 행성들로 이주해 살고 있다. 이곳의 치안은 태양계 경찰(ISSP)이 맡고 있으나 들끓는 범죄 문제를 해결하지 못하자 연방 정부는 범죄자들에 대해 현상금을 내걸게 되고 이는 현상금을 노리고 범죄자들을 뒤쫓는 신종 직업인 현상금 사냥꾼("카우보이")을 탄생시킨다. 「카우보이 비밥」은 우연한 계기로 우주선 비밥 호에서 한솥밥을 먹게 된 현상금 사냥꾼 스파이크, 제트, 페이, 에드(그리고 아인)의 얘기다.

GM 반대 시위를 벌이고 있는 사람들.

폭주를 소재로 다룬 마이클 크라이튼의 소설 『먹이(*Prey*)』[4]가 출간되어 크게 인기를 끌었다는 사실은 이런 심증을 더욱 굳히게 만든다. 이런 현상을 SF 장르 내에서의 유행 변화로 간단히 치부해 버릴 수도 있겠지만, 해당 기술에 대한 사회적 우려의 증가도 부분적으로 반영한 결과라고 보는 편이 더 온당해 보인다.

돌이켜 보면 GMO에 대한 사회적 우려는 1970년대 후반에 DNA 재조합 기법을 둘러싼 논쟁이 휩쓸고 지나간 후 한동안 잠잠해졌다가, 실험용 GM 동물에 대한 특허가 출원되고 GM 작물에 대한 안전성 평가가 시작된 1980년대 후반에 재점화되었고 GMO의 환경 방출이 본격화된 1990년대 후반에 정점에 달했다. 이는 생명 공학을 소

4   Michael Crichton, *Prey* (New York: HarperCollins, 2002). 국내에서는 마이클 크라이튼, 김진준 옮김, 『먹이 1, 2』(김영사, 2004)로 번역, 출간되었다.

재로 한 대중적 텍스트의 부침(浮沈)과 대략 일치한다. 마찬가지의 경향을 나노 기술에 대해서도 적용해 볼 수 있을 것이다. 주사 터널링 현미경(STM)의 발명으로 나노 수준에서의 조작 가능성이 열린 것이 1982년이고, 나노 기술에 대한 유토피아-디스토피아적 비전을 뒤섞은 드렉슬러의 책 『창조의 엔진』이 나온 것이 1986년이었다. 이를 계기로 수면 아래 잠복하고 있었던 대중적 상상력이 나노 기술에 대한 투자가 급격하게 증가하고 연구 성과가 쏟아져 나오기 시작한 1990년대 후반에 분출되었다고 보는 것은 상당히 자연스러운 추측일 터이다.

그렇다면 나노 기술에 대한 빌 조이류의 암울한 전망—「카우보이 비밥 극장판」이 기대고 있는—은 과연 실현될 것인가? 나노 기술의 지지자들은 '자기 복제하는 나노머신' 같은 것이 기술적으로 아예 가능하지 않을 것으로 보거나, 설사 그것이 만들어진다 해도 아주 먼 미래에나 가능할 거라고 보고 있다.[5] 그들은 대중 작가, 언론, 환경 단체 등이 인기를 목적으로 영합해서 나노 기술에 대한 전망을 (낙관적·비관적 양 방향 모두로) 과장해 그리고 있다며 불만을 토로한다. 그러나 이에 대해 나노 기술의 파멸적 영향을 우려하는 이들은 그것이 그리 먼 미래가 아니라 조만간 도래할 수도 있으며, 따라서 조속한 시일 내에 연구의 일시 중지(moratorium)나 전 지구적 나노 안전성 의정서와 같은 규제 장치의 마련이 이루어져야 한다고 주장한다.[6]

---

5   Robert F. Service, "Is Nanotechnology Dangerous?" *Science* 290 (November 24, 2000), 1526-27.

6   영국에서 발간하는 환경 잡지 《에콜로지스트》 2003년 5월호의 나노 기술 특집에 실린 글들이 대

이러한 양 진영 간의 시각차를 단시간 내에 줄이는 것은 어려워 보인다. 그러나 다행스러운 것은, 나노 기술에 관해 책임 있는 발언을 하고자 하는 이들이 나노 기술에 대한 과장된 기대를 추방하고 그것이 야기할 수 있는 구체적인 위험들 — 최근 문제가 제기되고 있는 나노 입자의 인체 위해성[7]이나 나노 기술의 발전이 가져올 사회적 영향 — 에 대해 주의를 기울여야 한다는 데 의견의 접근을 보고 있다는 사실이다. 이들은 GM 식품이 이미 밟았던 전철, 즉 대중의 의사를 반영하지 않은 채 기술이 개발되어 시장에 나왔다가 이후 대중의 불신을 사 전면 거부되는 식의 노선을 나노 기술이 되풀이해서는 안된다고 입을 모아 말하고 있다.[8] 이를 위해서는 나노 기술에 대한 대중적 토론의 장이 마련됨과 아울러, 나노 과학 기술자들이 토론에 참여해 대중의 우려에 답하는 자세를 보이는 것이 급선무일 터이다. 「카우보이 비밥 극장판」과 같은 영화들은 당장 나노 기술에 대한 구체적인 토론에 기여할 수는 없겠지만, 적어도 일반 대중이 나노 기술에 더 많은 관심을 갖도록 함과 동시에 그들이 갖고 있는 우려를 드러내는 구실을 할 수는 있으며, 그럼으로써 그러한 토론에 간접적으로 보탬이 될 수 있을 것이다.

체로 이런 관점을 보여 주었다.

7   나노 입자의 인체 위해 가능성을 보여 준 초기 연구 성과들에 대한 리뷰는 Geoff Brumfiel, "A Little Knowledge……," *Nature* 424 (July 17, 2003), 246-248를 참조하라.

8   "Don't Believe the Hype," *Nature* 424 (July 17, 2003), 237; Sue Mayer, "From Genetic Modification to Nanotechnology: The Dangers of 'Sound Science'," Tony Gilland (ed.), *Science: Can We Trust the Experts?*(London: Hodder and Stoughton, 2003), pp. 1-15.

본문에서 언급된 영화들

「거대 거머리의 습격(Attack of the Giant Leeches)」(1959년), 감독 버나드 코왈스키

「검은 전갈(The Black Scorpion)」(1957년), 감독 에드워드 러드윅

「게 괴물의 습격(Attack of the Crab Monsters)」(1957년), 감독 로저 코먼

「고지라(ゴジラ)」(1954년), 감독 혼다 이시로

「괴짜들의 승리(Triumph of the Nerds)」(1996년), 감독 로버트 크링즐리

「그것은 바다 밑에서 왔다(It Came from Beneath the Sea)」(1955년), 감독 로버트 고
든

「네트(The Net)」(1995년), 감독 어윈 윙클러

「다크 시티(Dark City)」(1998년), 감독 알렉스 프로야스

「닥터 스트레인지러브(Dr. Strangelove or: How I Learned to Stop Worrying and

Love the Bomb)」(1964년), 감독 스탠리 큐브릭

「달을 향하여(Destination Moon)」(1950년), 감독 어빙 파이첼

「대통령의 음모(All the President's Men)」(1976년), 감독 앨런 J. 파큘라

「도망자 로건(Logan's Run)」(1976년), 감독 마이클 앤더슨

「돌아온 플라이(Return of the Fly)」(1959년), 감독 에드워드 번즈

「딥 블루 씨(Deep Blue Sea)」(1999년), 감독 레니 할린

「론머맨(The Lawnmower Man)」(1991년), 감독 브렛 레너드

「리애니메이터를 넘어서(Beyond Re-Animator)」(2003년), 감독 브라이언 유즈나

「리애니메이터의 신부(Bride of Re-Animator)」(1989년), 감독 브라이언 유즈나

「모노노케 히메(もののけ姫)」(1997년), 감독 미야자키 하야오

「바람계곡의 나우시카(風の谷のナウシカ)」(1984년), 감독 미야자키 하야오

「불편한 진실(An Inconvenient Truth)」(2006년), 감독 데이비스 구겐하임

「블레이드 러너(Blade Runner)」(1982년), 감독 리들리 스코트

「세상이 충돌할 때(When Worlds Collide)」(1951년), 감독 루돌프 마테

「센과 치히로의 행방불명(千と千尋の神隠し)」(2001년), 감독 미야자키 하야오

「슈퍼맨 3(Superman III)」(1983년), 감독 리처드 레스터

「스타쉽 트루퍼스(Starship Troopers)」(1997년), 감독 폴 버호벤

「스파이더맨 2(Spider-Man 2)」(2004년), 감독 샘 레이미

「스푸트니크 열풍(Sputnik Mania)」(2007년), 감독 데이비드 호프먼

「스플라이스(Splice)」(2009년), 감독 빈센조 나탈리

「심해에서 온 괴물(The Beast from 20,000 Fathoms)」(1953년), 감독 유진 루리에

「심해의 공포(Humanoids from the Deep)」(1980년), 감독 바버라 피터스

「아이, 로봇(I, Robot)」(2004년), 감독 알렉스 프로야스

「악마의 씨(Demon Seed)」(1977년), 감독 도널드 캐멀

「알파빌(Alphaville)」(1965년), 감독 장 뤽 고다르

「앨리게이터(Alligator)」(1980년), 감독 루이스 티그

「에너미 오브 스테이트(Enemy of the State)」(1998년), 감독 토니 스코트

「에일리언(Alien)」(1979년), 감독 리들리 스코트

「에일리언 2(Aliens 2)」(1986년), 감독 제임스 카메론

「엑지스텐즈(eXistenZ)」(1999년), 감독 데이비드 크로넨버그

「오픈 유어 아이즈(Abre los ojos)」(1997년), 감독 알레한드로 아메나바르

「원자 카페(The Atomic Cafe)」(1982년), 감독 제인 로더 외

「월-E(WALL-E)」(2008년), 감독 앤드루 스탠튼

「이웃의 토토로(となりのトトロ)」(1988년), 감독 미야자키 하야오

「저지 드레드(Judge Dredd)」(1995년), 감독 대니 캐넌

「전기 자동차의 복수(Revenge of the Electric Car)」(2011년), 감독 크리스 페인

「종말의 시작(Beginning of the End)」(1957년), 감독 버트 고든

「쥬라기 공원(Jurassic Park)」(1993년), 감독 스티븐 스필버그

「천공의 성 라퓨타(天空の城ラピュタ)」(1986년), 감독 미야자키 하야오

「콜로서스―포빈 프로젝트(Colossus: The Forbin Project)」(1970년), 감독 조셉 사전

　트

「타란툴라(Tarantula)」(1955년), 감독 잭 아놀드

「터미네이터 2(Terminator 2: The Judgement Day)」(1991년), 감독 제임스 카메론

「터미네이터(Terminator)」(1984년), 감독 제임스 카메론

「토탈 리콜(Total Recall)」(1990년), 감독 폴 버호벤

「트론(Tron)」(1982년), 감독 스티븐 리스버거

「페일 세이프(Fail Safe)」(2000년), 감독 스티븐 프리어즈

「프랑켄슈타인(Frankenstein)」(1931년), 감독 제임스 웨일

「플라이(The Fly)」(1958년), 감독 커트 뉴만

「피라냐(Piranha)」(1978년), 감독 조 단테

「하울의 움직이는 성(ハウルの動く城)」(2004년), 감독 미야자키 하야오

「흡혈 박쥐(The Vampire Bat)」(1933년), 감독 프랭크 스트레이어

「2001년 스페이스 오디세이(2001: A Space Odessey)」(1968년), 감독 스탠리 큐브릭

「6번째 날(The 6th Day)」(2000년), 감독 로저 스포티스우드

「13층(The Thirteenth Floor)」(1999년), 감독 조세프 루스넥

사진 및 그림 저작권

할리우드사이언스

1판 1쇄 펴냄 2013년 11월 22일
1판 2쇄 펴냄 2016년 5월 31일

지은이 김명진
펴낸이 박상준
펴낸곳 (주)사이언스북스

출판등록 1997. 3. 24.(제16-1444호)
(우)06027 서울특별시 강남구 도산대로1길 62
대표전화 515-2000   팩시밀리 515-2007
편집부 517-4263   팩시밀리 514-2329
www.sciencebooks.co.kr

ISBN 978-89-8371-633-0 03400